U0014040

豆漿、豆花、豆腐 食療大全

王作生 著

于俊生 審定

跟著中醫師養生美容、防病治病

大豆 六種豆類的營養膳食

本章節詳細介紹黃豆、青豆、黑豆、紅豆、綠豆及豌豆等豆類的營養成分及養生功效，並對每種豆類的宜忌族群及搭配宜忌進行貼心指導，讓您吃得更科學、更健康。此外，還推薦了**35**道豆類食譜，每道食譜都註明功效，並附上**13**種民間流傳的常見疾病小偏方，讓您輕鬆收穫美味和健康。

豆漿 常喝豆漿 美麗健康

本章節介紹**160**餘款營養豆漿的製作方法，包括經典原味豆漿、加料營養豆漿、保健祛病豆漿、四季養生豆漿、適合不同族群飲用的豆漿、時尚果味豆漿及豆漿的妙用等七個部分。每一部分都配有相關的推薦食材及養生叮嚀，方便您根據自己的需要選擇最適合的豆漿。

豆腐 五花八門豆製品

　　本章節介紹**36**款豆腐及豆製品美食的製法。尤其值得一提的是，書中詳細講解了自製豆腐、豆花及豆腐乳的方法和訣竅，讓我們自己在家也能成功製作美味。自己製作豆製品既能避免色素、防腐劑的添加，又能增添生活的樂趣，使您及家人吃得更安全更健康。

3

吃的智慧

常言道，「民以食為天」。我們維持生命之樹的物質基礎就是每天進食的各種食物。食物中蘊含著人體所需的各種營養物質。可以說，吃得健康與否，不僅關係著我們的身體健康，更決定著我們的生活品質和生命的延續。隨著人們生活水準的提高，越來越多的人開始重視飲食營養。如何在一日三餐中吃出健康，日益成為現代人們關心的問題。我們的老祖先是聰明的，中國第一部醫學經典著作《黃帝內經》中的《素問·藏氣法時論》指出：「五穀為養，五果為助，五畜為益，五菜為充。氣味合而服之，以補益精氣。」這裡的五穀，就包括大豆。《神農本草經》說大豆「生大豆，味甘平。除癰腫，……止痛」。《食物本草會纂》說，大豆「寬中下氣，利大腸，消水腫毒」。豆腐、豆漿、豆芽等豆製品具有寬中益氣、和脾胃、消脹滿的作用，《延壽書》說：「……久痢，白豆腐醋煎食之即愈。杖青腫，豆腐切片貼之，頻易。」豆芽又稱大豆黃卷，《神農本草經》說：「大豆黃卷，味甘平，主濕痹筋攣膝痛。」這些論述，為我們提供了符合現代營養學觀點的平衡膳食原則，還有很多實用的大豆及其製品用於防病治病的方法。從大自然賜予的食物中汲取營養是我們保持健康最科學、最經濟、最安全的途徑。但是也應該看到，食物是有屬性的，人的體質也是有差別的，同樣的食物，有的人適合吃，有的人則不適合吃。只有選對了食物，汲取的才是對身體有益的營養素，否則就將適得其反。針對本書的具體內容，我們提醒了如下飲食宜忌，供讀者參考。

適宜吃大豆及豆製品的族群

- 大豆及豆製品是高血壓、動脈硬化、心臟病等心血管病人以及更年期婦女、糖尿病人的理想食品；腦力工作者和減肥的朋友也很適合。

- 黑豆適宜脾腎虛水腫、腳氣浮腫者食用；適宜體虛之人及小兒盜汗、自汗，尤其是熱病後出虛汗者食用；適宜老人腎虛耳聾、小兒夜間遺尿者食用；適宜妊娠腰痛或腰膝酸

軟、白帶頻多、產後中風、四肢麻痹者食用。

- 豆腐適宜腦力工作者、更年期綜合征、孕產婦食用，兒童尤其可以多吃，能促進生長發育。此外，豆腐對皮膚粗糙者及高血壓、高血脂患者都有很好的調節作用。

- 腐竹適宜身體虛弱、營養不良、氣血雙虧、年老羸瘦之人食用；適宜高血脂症、高膽固醇、肥胖者及血管硬化者食用；適宜糖尿病人食用；適宜婦女產後乳汁不足之人食用；適宜青少年、兒童食用；適宜痰火咳嗽哮喘（包括急性支氣管炎咳喘）之人食用；適宜癌症患者食用。

- 豆漿是防治高血脂、高血壓、動脈硬化等疾病的理想食品。多喝鮮豆漿可預防老年癡呆症，防治氣喘病。大豆及其製品雖然有諸多的養生保健、防病治病功效，但也有它不足的地方，也不是人人都可以常吃多吃的。

不宜吃大豆及豆製品的族群

- 大豆在消化吸收過程中會產生過多的氣體造成脹肚，故消化功能不良、有慢性消化道疾病的人應儘量少食。

- 患有嚴重肝病、腎病、痛風、消化性潰瘍、低碘者應禁食；患瘡痘期間不宜吃黃豆及其製品。

- 大豆的營養豐富，但嬰兒不能只喝豆漿，因為豆漿中蛋氨酸含量低，並且能量不足。

- 大豆中的大豆異黃酮是一種結構與雌激素相似，具有雌激素活性的植物性雌激素，能夠減輕女性更年期綜合症症狀、延遲女性細胞衰老、使皮膚保持彈性、養顏、減少骨質丟失、促進骨質生成、降血脂等。但研究已明確顯示，男性食用的黃豆越多，精子的品質也會相應降低，特別是那些在生育方面已經有問題的男性，最好不要吃太多的黃豆。

- 痛風是由嘌呤代謝障礙所導致的疾病。黃豆中富含嘌呤，且嘌呤是親水物質，黃豆磨成豆漿後，嘌呤幾乎沒有損失。所以，痛風病人不宜食用豆漿。
- 患有腎炎或腎功能不全者最好少吃腐竹，否則會引起血中非蛋白氮增高，加重病情；糖尿病酮症酸中毒病人、痛風患者及正在服用四環素、優降靈等藥物的人應慎食腐竹。

　　本著作繼承發揚中國醫學、飲食文化和服務社會的宗旨，本人特地撰寫了這本《豆漿、豆花、豆腐食療大全》，以滿足人們對大豆及其製品養生知識的需求。本書對大豆、大豆製品及相關的紅豆、綠豆等，從營養成分、養生功效、配膳宜忌、烹調應用、食用方法、選購儲存等方面進行了詳細的介紹，而且對於大豆、大豆製品的應用，如養生美容、防病治病等方面也給予了全面的論述。此外，本書還提供了大量大豆、大豆製品的養生食療方，讓您可以根據自己的體質和喜好，充分選擇自己需要的大豆、大豆製品養生餐。在這裡特別指出，根據"醫食同源"的原理，本書針對某些病症所給出的食療方，是科學的、有效的。但這些食療方只能對某些病症有輔助治療功效，實際患病時應及時到醫院診治，切勿耽誤治療，影響健康。

　　中醫學有著寶貴的飲食養生經驗，現代醫學也不斷充實著營養學的新知識，隨著科學發展日新月異，新的知識也將層出不窮。由於時間倉促，本書難免會有不足之處，敬請廣大讀者和專家不吝指正。

營養藥膳專家／中醫師／青島市藥膳研究會理事　王作生

目錄

Soy 1　大豆 六種豆類的營養膳食

Soy Milk ② 豆漿 常喝豆漿 美麗健康

時尚果味豆漿

豆腐・豆製品 五花八門豆製品

Soy

大豆 六種豆類的營養膳食

黃豆

黃豆又名大豆，既可供食用，又可榨油。由於它的營養價值很高，故有「豆中之王」、「田中之肉」、「綠色的牛乳」等稱號，是數百種天然食物中最受營養學家推崇的食物。

1 黃豆的營養成分 【黃豆每百克含】

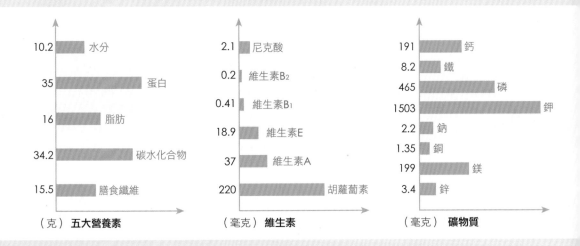

10.2	水分
35	蛋白
16	脂肪
34.2	碳水化合物
15.5	膳食纖維

（克）**五大營養素**

2.1	尼克酸
0.2	維生素B_2
0.41	維生素B_1
18.9	維生素E
37	維生素A
220	胡蘿蔔素

（毫克）**維生素**

191	鈣
8.2	鐵
465	磷
1503	鉀
2.2	鈉
1.35	銅
199	鎂
3.4	鋅

（毫克）**礦物質**

2 黃豆的養生功效

　　黃豆味甘、性平，具有寬中健脾、潤燥消水的功效。研究顯示，黃豆中的皂角苷可延緩人體衰老；黃豆中的卵磷脂可除掉血管壁上的膽固醇，保持血管軟化；黃豆中的抑胰酶，對糖尿病有一定療效；黃豆中磷含量可觀，對大腦神經非常有益，神經衰弱及體質虛弱者常食有益；黃豆富含鐵，可治療缺鐵性貧血；黃豆中含有的異黃酮類、植物雌激素等一些植物性化學物質，有助於消除自由基，減輕婦女更年期症狀，預防癌症。

功效1 大豆異黃酮—神奇的植物雌激素

大豆異黃酮是黃酮類化合物中的一種，主要存在於豆科植物中。由於是從植物中提取，與雌性激素有相似結構，因此大豆異黃酮又稱植物雌激素，能夠彌補30歲以後女性雌性激素分泌不足的缺陷，改善皮膚水分及彈性狀況，緩解更年期綜合症，改善骨質疏鬆，使女性再現青春魅力。大豆異黃酮的雌激素作用影響到激素分泌、代謝生物學活性、蛋白質合成、生長因數活性，是天然的癌症預防劑。

功效2 優質大豆蛋白—恰到好處降血脂

大豆蛋白是最好的植物性優質蛋白質，因其幾乎不含膽固醇和飽和脂肪酸，故成為高血脂族群的絕佳選擇。

功效3 大豆卵磷脂—天然腦黃金

大豆卵磷脂是從大豆中提取的精華物質。也是人體需要的脂類成分之一，卵磷脂能為大腦神經細胞提供充足的養料，使腦神經之間的資訊傳遞速度加快，從而能夠提高大腦活力，消除大腦疲勞，使大腦思維敏捷，提高學習和工作效率。

功效4 大豆膳食纖維—人體必需的第七大營養素

大豆膳食纖維主要是指那些不能為人體消化酶所消化的大分子糖類的總稱，主要包括纖維素、果膠質、木聚糖、甘露糖等。膳食纖維儘管不能為人體提供任何營養物質，但對人體卻有重要的生理作用，膳食纖維具有明顯地降低血漿膽固醇、調節胃腸功能及調節胰島素水平等功能。

功效5 大豆皂素—癌症的剋星

大豆皂素不僅可以提高人體免疫力、延緩衰老，還對多種癌細胞有抑制作用。常喝豆漿可抗癌，這一說法早已得到營養學家的證實。

功效6 大豆低聚糖—「富貴病」患者的福音

大豆低聚糖是大豆中所含可溶性碳水化合物的總稱，具有通便潔腸、降低血清膽固醇和保護肝臟的作用。常喝豆漿可以進行「腸內洗滌」，緩解和治療便秘、腹瀉等病症。

功效7 不飽和脂肪酸—人體必需的脂肪酸

人類生存需要兩種脂肪酸，一種是飽和脂肪酸，一種是不飽和脂肪酸。飽和脂肪酸可由人體自行合成，並且富含在動物性食物中，因為其可升高膽固醇，故不宜過多攝入。不飽和脂肪酸是一種較為健康的脂肪酸，具有降低血液黏稠度、降低膽固醇、改善血液微循環、保護腦血管、增強記憶力和思維能力的功效，能預防血脂異常、高血壓、糖尿病、動脈粥樣硬化、風濕病、心腦血管疾病等。

功效8 礦物質—不可缺少的營養素

大豆中含有鉀、鈉、鈣、鎂等十餘種礦物質，將大豆製成豆漿，可以最大限度地保留這些礦物質，故豆漿成為骨質疏鬆族群和缺鐵性貧血族群的營養佳品。

3 黃豆食用宜忌

適宜 與黃豆搭配的食物

- **黃豆＋茄子**：可益氣養血，保護血管。
- **黃豆＋穀類**：有利於機體對蛋白質的消化、吸收和合理利用。
- **黃豆＋香菜**：可增強免疫力，強身壯體。
- **黃豆＋白菜**：可防止乳腺癌。
- **黃豆＋胡蘿蔔**：有利於骨骼發育。
- **黃豆＋雪裡紅**：可提高鈣的吸收利用率。
- **黃豆＋花生、紅棗**：可豐胸補乳。

不宜 與黃豆搭配的食物

- **黃豆＋芹菜**：影響鐵質的吸收。
- **黃豆＋菠菜**：破壞食物的營養。
- **黃豆＋蝦皮**：導致消化不良。
- **黃豆＋酸牛奶**：影響對鈣質的消化和吸收。
- **黃豆＋豬血**：導致消化不良。
- **黃豆＋鹼**：降低二者的營養價值。
- **黃豆＋茶**：使身體不適。

宜忌 族群宜忌

- **適宜人群**：高血脂、肥胖症、高血壓、冠心病患者宜常食用醋煮花生或黃豆，因為其具有降脂、降壓的醫療功效。
- **不宜人群**：大便溏稀薄者、痛風者不宜食用黃豆。慢性腎功能不全者不宜食用黃豆。消化功能不良、有慢性消化道疾病者應少吃黃豆。

4 黃豆烹調指南

　　黃豆用途甚廣，磨製成粉後可單獨食用，也可與其他麵粉混合食用。以黃豆粉配製的混合粉，既改善粉質，又增加營養，可以用蒸、煮、煎、烙、炸、炕等方式烹製成各種麵食。黃豆可做菜餚原料，適宜多種烹調方法，宜用多種調味，既可做多種冷熱菜式及湯羹，又可製成小吃。

　　黃豆不宜生食。做熱菜時，應注意其不易爛的特點。如搭配肉類菜時，宜與肉同時下鍋，一同燉、燜、煨、焐；配炒、燴菜時，則可先煮爛或炸酥，再行配用成菜；做湯羹菜，應先將黃豆煨、熬，至湯濃豆爛，再搭配主料成菜，一同下鍋煨熬。黃豆湯汁醇濃鮮美，是吊製素湯的重要原料之一。

　　黃豆又是炒貨原料之一。如果適當炒糊，磨粉可代替咖啡，稱為「豆咖啡」。豆粉又可配製成飲料，或製成糖果（如「豆粉酥糖」）等。黃豆經加工可以製成罐頭食品，「黃豆燒豬肉」即為其一。黃豆是發製黃豆芽的原料，還可榨油、製醬、製豉、製豆腐。豆油，為大豆榨出的油，潤腸效果很好。

5 黃豆烹調小竅門

竅門1 ▶ 巧烹黃豆更易熟

黃豆要用旺火煮熟煮透，因為生黃豆裡含有抗胰蛋白酶，人食用後會影響蛋白酶的活性，使蛋白質不易被人體吸收，引起腹瀉。高溫會使抗胰蛋白酶遭到破壞。在煮黃豆前，可將其提前在水中浸泡10個小時，煮時再加少許海帶，黃豆不僅易熟爛，而且味道更鮮美。

竅門2 ▶ 去黃豆腥味的竅門

黃豆營養價值很高，而且香脆可口，但由於有股豆腥味，很多人都不喜歡。可用下面的方法去除豆腥味：在炒製黃豆時，先加少量黃酒，再放些鹽，這樣便可去除豆腥味，使黃豆吃起來美味可口。另外，在炒製前，將黃豆用鹽開水漂洗，最好不要煮，也可以達到去除豆腥味的目的。

竅門3 ▶ 黃豆的妙用

煮雞的湯裡加一把黃豆，雞肉更容易煮爛。

竅門4 ▶ 巧炸黃豆更酥脆

黃豆在炸之前用水泡漲，比直接乾炸好。將泡漲的黃豆瀝乾水分，放入燒熱的油鍋（油量以淹過黃豆為宜），炸至快硬時減小火力，用慢火炸至硬脆，立即撈出，再加上鹽或糖就可以了。這樣炸出的黃豆入口香脆，而且粒大皮全，色澤油亮。用這種方法還可以炸酥脆花生仁。

6 黃豆養生菜

黃豆無花果煲大腸

功效 ▶ 補中益氣，托肛通便。

原料 黃豆50克，無花果15克，豬大腸250克。

調料 料酒、醬油、鹽、蔥、薑、雞湯各適量。

做法 1. 無花果、黃豆分別洗淨。豬大腸切2公分的段。薑拍鬆。蔥切段。

2. 鍋置大火上，加入雞湯，加水1000毫升，放入黃豆，大火燒沸後轉小火燉煮半小時，加入豬大腸、無花果、料酒、鹽、醬油、薑、蔥，繼續煲至黃豆、豬大腸熟透為止。

用法 每日1次，佐餐食用。

香椿燴黃豆

功效 ▶ 增強機體免疫力。

原料 乾黃豆200克，鮮香椿100克。

調料 鹽、味精、蔥花、植物油各適量。

做法 1. 乾黃豆洗淨，用清水浸泡6～12小時，煮熟，撈出，瀝乾水分，晾涼；香椿挑洗乾淨，入沸水鍋中汆燙熟透，撈出，瀝乾水分，晾涼，切末。取盤，放入香椿末和熟黃豆，用鹽和雞精調味。

2. 炒鍋置火上，倒入適量植物油燒至七成熱，放入蔥花炒香，關火，淋在香椿和黃豆上拌勻即可。

粉蒸黃豆

功效 ▶ 補益大腦，潤肌膚。

原料 生黃豆250克，五香米穀粉75克。

調料 豆瓣醬30克，生薑5克，大蒜2瓣，青蔥1根，醬油、鹽、味精、沙拉油各適量。

做法 1. 將黃豆內的雜質挑淨，用清水洗兩遍，晾乾。

2. 豆瓣醬剁細。青蔥切末。生薑去皮，切成末。大蒜剝皮，剁成末。

3. 炒鍋上火，放沙拉油燒熱，下薑末和蒜末炸香，入豆瓣醬炒出紅油。

4. 將炒好的豆瓣醬倒進盛黃豆的盆內，加入五香米穀粉、醬油、鹽、味精等拌勻，裝入碗中。

5. 將黃豆碗入籠，用旺火蒸約1小時至酥爛，取出反扣在盤中，撒上蔥花，即可上桌。

小叮嚀

· 生黃豆內的雜質必須去淨；如無生鮮黃豆可用乾黃豆，但需提前泡漲才能使用。

· 調味後，如黃豆過乾，可加適量鮮湯。

麻辣香酥豆

功效 ▸ **溫陽化濕，祛痰利水。**

原料 黃豆200克，雞蛋2個，麵粉25克。

調料 澱粉25克，白糖15克，鹽、味精、花椒粉、辣椒粉、沙拉油各適量。

做法 1. 黃豆用開水浸泡24小時，剝去豆皮，放在盆內。

2. 將去皮黃豆加鹽醃約10分鐘，再加入雞蛋、味精、花椒粉、辣椒粉、白糖、澱粉、麵粉和25克沙拉油調勻，使每一粒豆子上都蘸勻蛋粉糊。

3. 炒鍋置火上，倒入沙拉油燒至四五成熱時，用筷子撥入黃豆，浸炸至熟撈出。

4. 待油溫升高，再次放入黃豆重複炸至金黃色，撈出瀝乾油，裝盤即可。

> **小叮嚀**
> ・在剝黃豆皮時，要保持豆瓣完整無裂。
> ・黃豆經兩次油炸，口感更酥脆。

剁椒蒸黃豆魚頭

功效 ▸ 保護心血管系統，益智健腦。

原料　鰱魚頭1個，剁椒75克，黃豆50克。

調料　薑末、蒜末、啤酒、沙拉油、鹽、青蔥粒各適量。

做法　1. 將黃豆挑除雜質後洗淨，用清水泡6個小時至漲透，撈出瀝乾水。

　　　2. 將魚頭刮鱗、去鰓，洗淨血污，擦乾水分，從下巴處切開成相連的兩瓣。

　　　3. 將魚頭抹勻啤酒、鹽、薑、蒜，醃約5分鐘。

　　　4. 把醃過的魚頭放在盤中，上面放黃豆和剁椒，淋上沙拉油，上籠用大火蒸約20分鐘至剛熟，取出撒上青蔥粒即成。

小叮嚀

- 剁椒本身帶有鹹味，醃魚時加鹽量佔整個口味的五成左右為宜。

- 蒸魚的時間要掌握好，不能過生或過熟。

豉油黃豆

功效 ▸ 補氣血，益智慧，潤肌膚。

原料 黃豆500克。

調料 豆豉醬75克，青蔥2根，生薑1塊，八角5粒，月桂葉3片，桂皮1小塊，醬油、味精、鹽、白糖、胡椒粉各適量。

做法 1. 黃豆洗淨，用清水泡漲，瀝乾水分。

2. 八角、月桂葉和桂皮用溫水洗一遍，裝在料包內。青蔥切成段。生薑洗淨拍鬆，切塊。

3. 不銹鋼湯鍋上火，加入適量清水，放入料包、醬油、豆豉醬、味精、白糖、胡椒粉、鹽、青蔥段和薑塊，再以大火煮開。

4. 鍋中加入黃豆，以小火煮熟，離火浸泡至涼，再撈出裝盤即可。

小叮嚀

- 桂皮有苦味，用量宜少不宜多。

- 豆豉和醬油有鹹味，應試味後酌加鹽。

絲瓜炒黃豆

功效 ▶ 消除斑塊，使皮膚潔白細嫩。

原料 絲瓜1根，黃豆100克，鮮紅辣椒1根

調料 蔥花5克，太白粉水、鹽、味精、沙拉油各適量

做法
1. 黃豆洗淨，用清水泡漲，煮熟待用。
2. 絲瓜去皮洗淨，一剖為二，切成小丁。鮮紅辣椒洗淨，去蒂及籽，再切丁。
3. 鍋中放沙拉油，上火燒至五成熱，倒入絲瓜過一下油，撈出瀝乾油。
4. 鍋中留底油燒熱，爆香蔥花和紅辣椒丁，倒入黃豆和絲瓜丁翻炒，調入鹽和味精炒製入味，用太白粉水勾芡，出鍋裝盤即可。

小叮嚀
- 絲瓜丁應切得大小均勻。
- 芡汁應勾得薄而勻。

小偏方

適應症	腎性水腫	疔瘡惡毒
原料	黃豆皮120克	黃豆150克，海藻、海帶各30克，鹽或白糖適量
做法	取黃豆皮，加水煎湯	取黃豆、海藻、海帶同煮湯，用鹽或白糖調味食用
用法	分3次服	常服

青豆
（毛豆）

青豆又稱毛豆，就是新鮮連莢的黃豆。毛豆的莖粗硬而有細毛，莢上也有細毛，所以稱為毛豆。

1 青豆的養生功效

降膽固醇

青豆中富含不飽和脂肪酸，還富含植物纖維，可改善脂肪代謝和便秘。

健腦增智力

青豆中的卵磷脂有助於改善記憶力和智力。

抗疲勞

青豆富含鉀，可緩解鉀的流失而引起的疲勞。

防治骨質疏鬆

青豆中含有「天然植物雌激素」，可以改善婦女更年期的不適，防治骨質疏鬆。

2 青豆食用宜忌

適宜 與青豆搭配的食物

- **青豆＋藕**：補中養神，寬中下氣，清肺利咽。
- **青豆＋絲瓜**：清熱祛痰，通便下乳。
- **青豆＋香菇**：促進食欲。

不宜 與青豆搭配的食物

- **青豆＋牛肝**：成分相互作用，失去營養素功能。
- **青豆＋羊肝**：會失去二者原來具有的營養功效。

宜忌 族群宜忌

- **適宜人群**：一般人群均可食用。
- **不宜人群**：對青豆過敏者不宜多食。
- **禁忌人群**：幼兒、尿毒症患者忌食。

3 青豆烹調指南

TIPS

青豆是綠色安全食品

豆類作物的病蟲害本來就比較少，再加上青豆的莢披著一層毛茸茸的「盔甲」，更能有效抵禦病蟲害，因此青豆在生長過程中一般不用或者很少用農藥，大家可以放心食用。

青豆適合夏季食用

青豆是營養豐富的食品，含有豐富的鉀，能緩解炎熱天氣造成的疲乏無力和食慾下降，特別適合夏季食用。青豆一定要煮熟或炒熟後再吃，否則不易消化，可能引起腹瀉。

如何煮出翠綠的青豆

若想要把青豆煮成翠綠色，可加一小撮鹽，因為鹽可以保護葉綠素不被破壞。

4 青豆養生菜

毛豆熗豆芽

功效 ▶ 降脂減肥，通便利尿。

原料　毛豆仁300克，綠豆芽200克。

調料　蒜泥5克，醬油40克，細白糖20克，味精2克，香油20克。

做法　1. 毛豆仁洗淨。綠豆芽去頭尾，洗淨。將毛豆仁、綠豆芽分別汆燙，撈出晾涼，同裝盆中。

　　　2. 將蒜泥、醬油、細白糖、味精、香油調成汁，加入盆中拌勻，即可裝盤。

農家毛豆

功效 ▶ 補血健脾，利水消腫。

原料　毛豆仁350克，火腿100克。

調料　青蔥50克，沙拉油、鹽、味精、八角、花椒、薑片、高湯各適量。

做法　1. 毛豆仁洗淨，再將火腿、青蔥均切成粒。

　　　2. 淨鍋上火，倒入沙拉油燒熱，下八角、花椒、薑片、蔥粒爆香，倒入高湯，放入火腿，調入鹽、味精，再下毛豆仁，小火炒至成熟即可。

炒木須毛豆

功效 健腦益智，提高記憶力。

原料　雞蛋4個，毛豆仁100克。

調料　蔥薑末10克，鹽2克，味精1克，鮮湯25克，大豆油50克。

做法　1. 將雞蛋磕入碗內，放入蔥薑末、鹽、味精、鮮湯攪拌均勻。

　　　2. 毛豆仁先用鹽水煮熟，再撈出瀝乾水。

　　　3. 炒鍋置火上，倒入大豆油燒熱，倒入蛋液，炒熟後放入毛豆仁翻炒片刻，出鍋裝盤即可。

毛豆炒絲瓜

功效 ▶ 補血益氣，強壯身體。

原料 絲瓜250克，毛豆仁100克。

調料 沙拉油、鹽、味精、醬油、蒜片、料酒、香油各適量

做法　1. 將毛豆仁洗淨。絲瓜洗淨，去皮，切成丁，備用。

　　　　2. 炒鍋上火，倒入沙拉油燒熱，下蒜片爆香，烹入料酒，下入毛豆仁煸炒半分鐘，下入絲瓜，調入鹽、醬油、味精炒至成熟，淋香油，裝盤即可。

> **小叮嚀**
> ‧ 如果用來食補，以老一點的絲瓜為佳。

鹽水毛豆

功效 ▶ 補血健脾，利水消腫。

原料 毛豆200克。

調料 清湯、鹽、味精、八角、花椒、薑、紅辣椒各適量。

做法　1. 將毛豆挑洗乾淨，備用。

　　　　2. 鍋置火上，倒入清湯，調入鹽、味精、八角、花椒、紅辣椒、薑燒沸，放入毛豆煮熟即可。

黑豆

黑豆有「豆中之王」的美稱，是豆科植物大豆的黑色種子。在長期的農耕社會中，人們發現牲畜食用黑豆後，體質更加強壯、抗病能力增強，因此常把黑豆用做飼料。那時人們崇尚白色食品，只有食不果腹的人迫於無奈才食用黑豆。直到醫者和養生者發現並總結出黑豆的醫療保健作用後，黑豆才成為人們常用的食療佳品。

1 黑豆的營養成分 【黑豆每百克含】

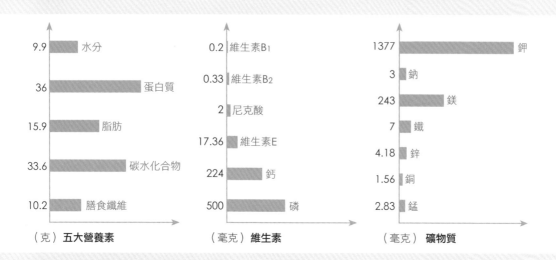

9.9 水分	0.2 維生素B₁	1377 鉀
36 蛋白質	0.33 維生素B₂	3 鈉
15.9 脂肪	2 尼克酸	243 鎂
33.6 碳水化合物	17.36 維生素E	7 鐵
10.2 膳食纖維	224 鈣	4.18 鋅
	500 磷	1.56 銅
		2.83 錳
（克）五大營養素	（毫克）維生素	（毫克）礦物質

2 黑豆的養生功效

中醫認為，黑豆味甘，性平，無毒，可補腎滋陰、補血明目、清熱止痢、除濕利水。《本草綱目》中記載，黑豆有延年益壽的功能，不但具有補肝腎、強筋骨、暖腸胃、明目活血、利水解毒的作用，而且可以潤澤肌膚，烏鬚黑髮。

3 　黑豆食用宜忌

適宜 　與黑豆搭配的食物

- **黑豆＋柿子**：清熱解毒，降壓止血。
- **黑豆＋牛奶**：幫助人體更好地吸收牛奶中的維生素B_{12}。
- **黑豆＋紅糖**：滋補肝腎，活血行經，美容烏髮。

不宜 　與黑豆搭配的食物

- **黑豆＋蓖麻油**：引起腹脹。
- **黑豆＋洋地黃**：降低藥物藥效。

宜忌 　族群宜忌

- **適宜人群**：一般人群均可食用，尤其適宜糖尿病、糖耐量異常者及需要控制血糖的人食用。
- **不宜人群**：黑豆不易消化，故中滿者（氣阻滯於內而胸腹脹滿）或消化不良者，宜慎食之。

4 　黑豆烹調指南

- 黑豆在烹調上用途甚廣，可作為糧食直接煮食，也可磨成豆粉食用。豆粉可單獨用，也可與其他麵粉混合食用。日常生活中，以混合食用居多，用以加工成各種麵食。

- 黑豆用於菜餚，適用於多種烹調方法，宜於多種口味，還可製成各種小吃，如炒菜、點心等。同時，黑豆還是榨油、製醬、製豉、製豆腐等上好的原料。

- 黑豆一定要熟吃，因為在生的黑豆中有一種叫抗胰蛋白酶的成分，生吃會影響蛋白質的消化吸收，引起腹瀉。烹製熟透後抗胰蛋白酶就會被破壞。

- 黑豆若炒熟食之則其性極熱，易生熱性疾病，不可過量食用。

5　黑豆養生菜

黑豆紅棗燉鯉魚

功效 ▶ 補虛利水，養血通乳。

原料　鯉魚1尾，紅棗5枚，黑豆30克。

調料　蔥段、薑片、料酒各適量。

做法　1. 將鯉魚宰殺，去除內臟，洗淨，切段。紅棗洗淨，剔去核。黑豆淘洗乾淨，用清水浸泡1夜。

　　　2. 砂鍋上火，放入鯉魚和適量清水，用大火煮沸，再加入黑豆、紅棗、蔥、薑、料酒，改用小火煮約1小時即成。

黑豆鳳爪湯

功效 ▶ 輔助治療肝硬化、脾亢（脾功能亢進症）引起的貧血。

原料　雞腳500克，黑豆200克。

調料　鹽、味精各適量。

做法　1. 將雞腳、黑豆洗淨。

　　　2. 將雞腳切去利爪。

　　　3. 黑豆用水浸泡3小時，連同雞腳一起放入砂鍋內，加適量水，大火燒開，撈去浮沫，改用小火燉2小時，加鹽、味精調味即成。

> **小叮嚀**
>
> • 將雞腳放入沸水中汆燙，再加入調料抓勻醃製，可去除雞腳本身的異味。

黑豆排骨湯

功效 ▸ **營養豐富，可強身健體**

原料 排骨500克，黑豆150克，雞爪10
    個，大棗10枚，橘皮1片，龍眼肉
    20克。

調料 鹽、味精各適量。

做法 1. 將黑豆炒至殼裂，取出清洗。

    2. 將雞爪、排骨用滾水汆5分鐘，取
       出瀝水。橘皮泡開刮去瓤，大棗、
       龍眼肉分別洗淨。

    3. 湯鍋內添適量清水燒沸，放入上述
       原料，小火煮至排骨、雞爪酥熟，
       加鹽、味精調味即可食用。

三豆粥

功效 ▸ **可用於輔助治療水腫**

原料 綠豆、紅豆、粳米各50克，黑豆15克。

調料 白糖適量。

做法 將綠豆、紅豆、黑豆與粳米淘洗淨，共
    同放入鍋內，加適量清水煮粥，待豆爛
    粥熟時加入白糖調味即成。

> **小叮嚀**
>
> ‧ 經常喝粥有益身體，它能使人面容
>   豐潤有光澤，滋補身體，增長氣力。
>   它還能調和身體，上下通利，消除風
>   寒，補養人體所需，延年益壽。

小偏方

適應症	盜汗
原料	黑豆30克
做法	黑豆洗淨，用清水泡3小時，加水1000毫升，大火燒開轉小火煮40分鐘
用法	代茶飲，每日1劑

紅豆
（赤小豆）

紅豆又稱赤小豆、紅小豆、相思子、紅飯豆等。赤小豆富含澱粉，因此又被人們稱為「飯豆」。它具有「律津液、利小便、消脹、除腫、止吐」的功效，被李時珍稱為「心之穀」。紅豆是人們生活不可缺少的高蛋白、低脂肪、高營養的雜糧。

1　紅豆的營養成分　【紅豆每百克含】

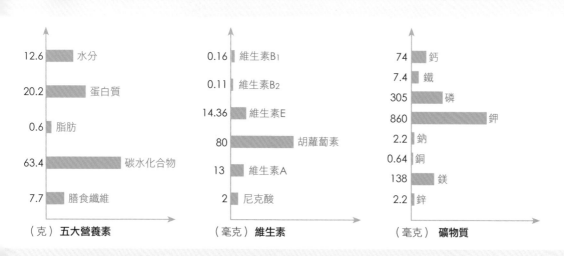

（克）五大營養素	（毫克）維生素	（毫克）礦物質
12.6　水分	0.16　維生素B₁	74　鈣
20.2　蛋白質	0.11　維生素B₂	7.4　鐵
0.6　脂肪	14.36　維生素E	305　磷
63.4　碳水化合物	80　胡蘿蔔素	860　鉀
7.7　膳食纖維	13　維生素A	2.2　鈉
	2　尼克酸	0.64　銅
		138　鎂
		2.2　鋅

2　紅豆的養生功效

中醫認為，紅豆性平，味甘，入心、小腸經，具有健脾利水、清利濕熱、和血排膿、解毒消腫的功效。凡脾虛不適、腹水脹滿、浮腫腳氣、小便不利、黃疸、瀉痢、便血以及化膿性疾病，皆可酌量食之，有一定治療作用。

紅豆含有較多的皂角苷，可刺激腸道。它有良好的利尿作用，能解酒、解毒，對心臟病、腎病和水腫均有一定的作用。

紅豆含有較多的膳食纖維，具有良好的潤腸通便、降血壓、降血脂、調節血糖、解毒抗癌、預防結石、健美減肥的作用。產婦、乳母多吃紅豆，還有催乳的功效。將紅豆配鯉魚清燉食用，對治肝硬化腹水有療效。

3　紅豆食用宜忌

適宜　與紅豆搭配的食物

- **紅豆＋雞肉**：補血明目，祛風解毒，營養全面。
- **紅豆＋鱧魚**：祛除脾胃寒氣，消腫祛淤。
- **紅豆＋南瓜**：健美潤膚。
- **紅豆＋鯉魚**：利水消腫。
- **紅豆＋烏骨雞**：滋陰養血，利水消腫。
- **紅豆＋花生、紅棗**：補益心脾，利水消腫。

不宜　與紅豆搭配的食物

- **紅豆＋豬肉**：易引起腹脹氣滯。
- **紅豆＋羊肚**：性味功能相悖。
- **紅豆＋冬瓜**：易導致身體脫水。
- **紅豆＋羊肝**：易發生食物中毒。

4　紅豆烹調指南

紅豆可整個部分使用，用於煮紅豆飯、紅豆粥；或製作紅豆湯之類的小吃與紅豆冰棒、紅豆雪糕等冷飲食品；還可用於菜餚，如「紅豆排骨湯」，以紅豆、排骨同入砂鍋，燉至紅豆酥爛起沙時，調味供食。

由於紅豆澱粉含量高，蒸煮後呈粉沙性，且具獨特的香氣，中國烹飪常用以製成豆沙，供做各式糕團麵點的餡料，是一種頗具特色的原料。用豆沙製作的食品甚多，從粽子、包子、湯圓、春捲、燒餅至月餅、八寶飯等，均可用之。又可用以做甜菜的餡料、夾料，如四川「夾沙肉」，湖北「全料藕丸」以及「釀枇杷」、「高麗肉」、「夾沙蘋果」、「雪衣香蕉」等等。

紅豆還可發製紅豆芽，食用同綠豆芽。紅豆水煎汁，可以解酒。

5 紅豆養生菜

桂花紅豆糕

功效 ▸ 補血益氣，補益脾胃，強壯身體。

原料 糯米粉、粳米粉各500克，紅豆100克。

調料 白糖100克，桂花釀14克。

做法 1. 紅豆洗淨，煮爛備用。

2. 將糯米粉、粳米粉、白糖倒入盆內，拌勻（取出少許留用），分次倒入清水，用雙手拌揉至水全部吃盡，再把煮爛的紅豆倒入，拌勻。

3. 在木蒸籠中墊上蒸布，倒入拌勻的糕料，用大火沸水蒸約20分鐘左右（不加蓋），待蒸汽直冒、糕料表面呈紅色時，把留用的糕粉均勻撒在上面，加蓋略燜片刻出鍋，撒上桂花釀，切成方塊即可食用。

紅豆玉米薏仁粥

功效 治療陽虛水泛（腎虛水腫）的體型胖大、倦怠。

原料 玉米鬚50克，紅豆15克，薏仁30克。

做法 1. 玉米鬚、紅豆、薏仁分別洗淨，備用。

2. 玉米鬚入鍋，加適量水煮10分鐘，再放紅豆、薏仁，大火燒開後轉小火熬成稀粥即可。

用法 溫服，每日1次。

> **小叮嚀**
>
> ・玉米鬚含大量硝酸鉀、維生素K、穀固醇、豆固醇和一種揮發性生物鹼，有利尿、降壓、降血糖、止血、利膽等作用。其主治水腫、小便淋瀝、黃疸、膽囊炎、膽結石、高血壓病、糖尿病、乳汁不通等。

車前子紅豆甜羹

功效 健脾，滋陰，補血，利水。

原料 車前子200克，紅豆250克，糯米500克。

調料 冰糖或白糖適量。

做法 1. 紅豆、糯米分別淘洗淨，備用。

2. 車前子洗淨，入鍋，加適量水煎成藥湯，放入紅豆煮至半熟爛，再放入糯米煮至糯米熟軟，加冰糖或白糖調勻即可。

美白祛斑湯

功效 輔助治療青春痘、黃褐斑。

原料 綠豆、紅豆各100克，乾百合80克。

調料 冰糖適量。

做法 1. 將綠豆、紅豆、乾百合分別洗淨，用清水浸泡2小時，待用。

2. 鍋置火上，注入適量清水，放入泡好的綠豆、紅豆，大火煮開後改小火煮1小時至豆子熟爛，加入百合，繼續用小火煮20分鐘，再加入冰糖再煮5～10分鐘即可。

紅豆鯉魚

功效 補血益氣，健胃醒脾，利水消腫。

原料　紅豆100克，鯉魚1尾（1000克以上）。

調料　陳皮、花椒、草果各7.5克，蔥段、薑片、胡椒、鹽、雞湯各適量。

做法　1. 鯉魚去鱗、鰓、內臟，洗淨。

　　　2. 紅豆、陳皮、花椒、草果洗淨，塞入魚腹中，魚上加蔥、薑、胡椒、鹽，倒入雞湯，上籠蒸1.5小時至魚熟時出籠，撒蔥花即成。

桂花紅豆湯

功效 清熱解毒，散淤消腫，可輔助治療痤瘡。

原料　紅豆500克。

調料　白糖200克，桂花釀45克。

做法　紅豆挑去雜質，洗淨，用清水浸泡至紅豆漲發，放入鍋中，加2000毫升清水，大火燒沸，改用小火燜3小時左右至赤豆酥爛，加入白糖、桂花釀調勻即可。

小偏方

適應症	腎性水腫	疔瘡惡毒	營養不良	腮腺炎	水腫
原料	紅豆200克	紅豆50克，素油適量	紅豆60～90克，冬瓜150克，蔥、薑、鹽各適量	紅豆50克	紅豆120克
做法	將紅豆研為細末	紅豆炒乾研末，用素油調勻	以紅豆、冬瓜煮湯，加作料調味	紅豆搗爛，以水和勻	紅豆加水煎
用法	每日3次，每次9克，米湯送下	敷患處	佐餐食用	外敷患處	當茶水飲

綠豆

綠豆又稱青小豆、吉豆，屬豆科植物。其種子呈短矩形，綠色或暗綠色。綠豆是中國的傳統豆類食物。綠豆中的蛋白質含量幾乎是粳米的**3**倍，所含的多種維生素、鈣、磷、鐵等無機鹽都比粳米多。因此，它不僅具有良好的食用價值，還具有非常好的藥用價值，有「濟世良穀」之說。在炎炎夏日，綠豆湯是老百姓喜歡的消暑飲品。

1　綠豆的營養成分 【綠豆每百克含】

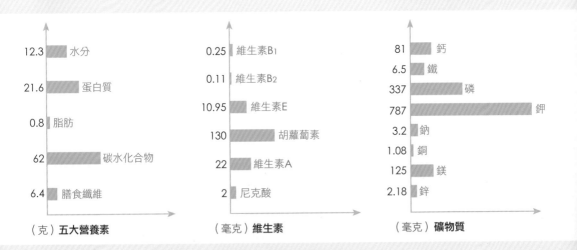

12.3	水分
21.6	蛋白質
0.8	脂肪
62	碳水化合物
6.4	膳食纖維

（克）**五大營養素**

0.25	維生素B$_1$
0.11	維生素B$_2$
10.95	維生素E
130	胡蘿蔔素
22	維生素A
2	尼克酸

（毫克）**維生素**

81	鈣
6.5	鐵
337	磷
787	鉀
3.2	鈉
1.08	銅
125	鎂
2.18	鋅

（毫克）**礦物質**

2　綠豆的養生功效

中醫認為，綠豆味甘，性涼，入心、胃經，有清熱解毒、利水消腫、消暑止渴等功效。

夏天在高溫環境工作的人出汗多，水分流失很大，體內的電解質平衡遭到破壞，用綠豆煮

湯來補充是最理想的方法，能夠清暑益氣、止渴利尿，不僅能補充水分，而且還能及時補充無機鹽，對維持水液電解質平衡有重要意義。

綠豆還有解毒作用。如遇有機磷農藥中毒、鹽中毒、酒精中毒(醉酒)等情況，在送去醫院搶救前都可以先灌一碗綠豆湯進行緊急處理。經常在有毒環境下工作或接觸有毒物質的人，應常食用綠豆來解毒保健。經常食用綠豆還可以補充營養，增強體力。

3 綠豆食用宜忌

適宜 與綠豆搭配的食物

- **綠豆＋南瓜**：清熱解毒，補中益氣。
- **綠豆＋百合**：養心，健脾，養胃。
- **綠豆＋木耳**：清熱涼血，潤肺生津。
- **綠豆＋鴿肉**：清除痛癤（癤：膿瘡）。
- **綠豆＋燕麥**：有效控制血糖含量。
- **綠豆＋白米**：增強食欲。

不宜 與綠豆搭配的食物

- **綠豆＋番茄**：傷元氣，引起身體不適。
- **綠豆＋狗肉**：易導致腹脹。
- **綠豆＋蘋果**：會導致中毒。

宜忌 族群宜忌

- **適宜人群**：一般族群均可食用，尤其適合中毒者、眼病患者、高血壓患者、水腫患者、紅眼病患者食用。
- **不宜人群**：綠豆性寒涼，身體陽虛、脾胃虛寒、泄瀉者慎食。（泄瀉：腹瀉的一種病症）

4 綠豆烹調指南

綠豆口感清香，入饌多做糕點原料，（如「綠豆糕」），也可製作筵席菜餚。綠豆為菜，最宜製成甜食，且以煮熟搗成泥最為常見；也可整形製成鹹食，風味獨特。民間習慣於夏日用其煮綠豆稀飯食用，或熬製綠豆湯飲用，用於清熱解暑。製作的菜餚有「炒綠豆泥」、「糯米綠豆丸子」、「綠豆南瓜湯」、「綠豆水晶雞」、「綠豆肘棒（綠豆豬皮凍）」等。用綠豆做的小吃，著名的有福建泉州的「綠豆餅」，是以糯米粉為皮，以綠豆做細沙餡製成的，製作考究，甜潤甘美，是著名素饌；其他如北京的「豆汁」，開封的「綠豆糊塗」等，均具特色；河南的「麻豆腐」亦是綠豆的副產品，頗富地方特色；綠豆又可做涼粉，是中國傳統夏令小吃之一，亦可供做菜餚。此外，還可用綠豆製作綠豆餅、綠豆麵等，供做主食食用。20世紀末，新開拓的夏令冷飲品中有「綠豆沙」「綠豆雪糕」等，頗受歡迎。

綠豆發製的綠豆芽，為中國特色蔬菜之一。綠豆所製的粉絲、粉皮也為國際市場所認可。山東「龍口粉絲」，堪稱名品，具有入水即軟、久煮不化、爽滑可口、柔韌耐嚼的特點，在國際市場上被譽為「粉絲之王」。

綠豆粥

功效 ▸ 清熱解毒，降火消暑，消腫，降脂。

原料 白米250克，綠豆150克。

調料 白糖200克。

做法 1. 將白米用清水淘淨，綠豆去雜質，用清
水洗淨。

2. 將綠豆放入鍋中，加2升左右清水，大
火燒滾，轉小火煮40分鐘左右，至綠豆
酥爛時，放入白米用中火燒煮30分鐘左
右，煮至米粒開花，粥湯稠濃後關火冷
卻，加白糖拌和食用即可。

綠豆粳米粥

功效 ▸ 清熱解毒。

原料 綠豆50克，粳米100克。

做法 將綠豆洗淨，用溫熱水泡漲。粳米
淘洗乾淨，同綠豆一起入砂鍋中，
加水600毫升煮粥，先用大火，然
後改至小火，煮至粥豆爛熟即可。

用法 每日服食2次。

綠豆白菜湯

功效 ▸ 清熱解毒，消腫止痛。

原料 綠豆100克，白菜心3個。

做法 將綠豆洗淨，放入鍋中加水600毫
升，煮至將熟，再加洗淨的白菜
心，用小火煮20分鐘，然後去豆、
菜，取湯汁即可。

用法 每日服用2次。

綠豆南瓜羹

功效 ▸ **清熱解毒，預防中暑。**

原料 綠豆、老南瓜各500克。

調料 鹽適量。

做法 1. 將綠豆洗淨，加鹽醃片刻，再用清水沖洗，南瓜去皮去瓤，切成長寬約2公分的塊狀待用。

2. 鍋內加500毫升清水燒沸，下綠豆煮3～5分鐘，待煮沸後下南瓜塊，蓋鍋蓋，再用小火煮20分鐘，至綠豆、南瓜爛熟，食用時加鹽調味即可。

> 小叮嚀
>
> ・南瓜具有潤肺益氣、化痰排膿、驅蟲解毒、治咳止喘、利尿美容的作用。

綠豆海帶羹

功效 ▸ **清熱解毒，降壓祛脂，祛痰散結。**

原料 綠豆100克，海帶50克。

調料 紅糖適量。

做法 將綠豆洗淨，海帶洗淨切細絲，二者同入鍋中加水600毫升，用小火煮30分鐘，待綠豆、海帶熟爛，加紅糖適量，即可服食。

綠豆甘草湯

功效 ▸ **可以解百毒。**

原料 綠豆150克，甘草60克。

做法 將綠豆、甘草洗淨，入砂鍋加水500毫升，先用大火，後小火，煮15分鐘左右，去渣取湯汁。

用法 常服用。

薏仁綠豆老鴨湯

功效 消暑清熱，健脾益臟腑。

原料 薏仁、綠豆各30克，陳皮2片，老鴨1隻。

調料 鹽適量。

做法 1. 將老鴨除去內臟，切半，切除鴨尾，洗淨，汆燙。陳皮用水浸軟，刮去瓤。將其他原料洗乾淨。

2. 將清水煮沸，把各種原料放入砂鍋內，用大火煮20分鐘，再改用小火熬煮2小時，下鹽調味，即可飲用。

特點 湯汁澄清香醇，滋味鮮美，鴨脂黃亮，肉酥爛鮮醇。

小偏方

適應症	解暑祛熱	解毒（附子、巴豆、鉛、食物及藥物中毒）	腮腺炎
原料	綠豆100克	綠豆120克，生甘草60克	綠豆60克，白菜心2～3個
做法	將綠豆加水小火煮爛，成綠豆湯	綠豆、生甘草加水煎汁，放冷備用	將生綠豆煮至將熟時，加入白菜心，再煮約20分鐘，取汁
用法	飲湯	冷服	內服，每日1～2次

豌豆

　　豌豆俗稱寒豆、麥豆、淮豆，為豆科植物豌豆的種子。豌豆原產於亞洲西部和地中海沿岸地區，豌豆馴化的歷史至少要追溯到 **6000** 年以前，中國栽培的歷史至少也有 **2000** 多年，先由西域傳入中國西北地方，再傳入內地。

1　豌豆的營養成分 【豌豆每百克含】

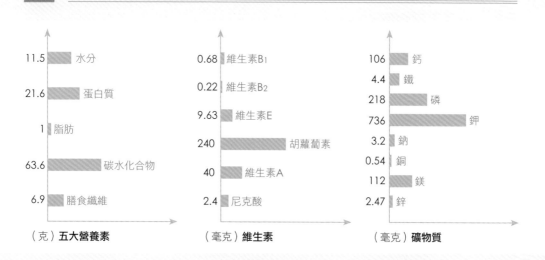

（克）五大營養素	（毫克）維生素	（毫克）礦物質
11.5 水分	0.68 維生素B₁	106 鈣
21.6 蛋白質	0.22 維生素B₂	4.4 鐵
1 脂肪	9.63 維生素E	218 磷
63.6 碳水化合物	240 胡蘿蔔素	736 鉀
6.9 膳食纖維	40 維生素A	3.2 鈉
	2.4 尼克酸	0.54 銅
		112 鎂
		2.47 鋅

2 豌豆的養生功效

中醫認為，豌豆味甘，性平，入脾、胃經，有和中下氣、利小便、解瘡毒等功效，可治霍亂轉筋（上吐下瀉，以致兩小腿痙攣不能伸直）、腳氣、癰腫。《隨息居飲食譜》謂「煮食和中生津、止渴下氣、通乳消脹」。

豌豆中富含維生素C和能分解體內亞硝胺的酶，可以分解亞硝胺，具有抗癌防癌的作用。豌豆與其他豆類有所不同，其所含的止權酸、赤黴素和植物凝素等物質，具有抗菌消炎、增強新陳代謝的功能。豌豆中含有較為豐富的纖維素，可以防止便秘，有清腸作用。

3 豌豆食用宜忌

適宜 與豌豆搭配的食物

- **豌豆＋小麥**：可有效預防結腸癌。
- **豌豆＋雞肉、豬肉**：提高營養價值和功效。

宜忌 族群宜忌

- **適宜人群**：一般族群均可食用，尤其適宜消渴者，腹脹、下肢浮腫、腳氣病患者，產婦及乳汁不下者食用。豌豆粒多食會導致腹脹，因此一次不可吃得太多。
- **不宜人群**：脘痛（上腹部近心窩處發生的胃痛）及慢性胰腺炎患者忌食。

4 豌豆烹調指南

嫩豌豆味甜，可以生吃；連莢煮食可做點心。其軟莢種豆莢可做蔬菜，整個用可做炒食，或做燒燴配料；也可切絲經汆燙後拌、燴食用，口感甜脆鮮香。

嫩豆粒圓如綠珠，是菜餚配色、配形料的上選，為筵席菜所常用。燒煮稍久其翠綠色即變成暗灰綠色，故須注意保色。一般用出水法、過油法，或用鹽水浸法(鹽水濃度須達到可浮起雞蛋的程度，浸後應用時須先脫鹽)保色。又可取蜜餞法製成蜜豌豆，色澤翠綠鮮豔，效果較好。

用嫩豆粒做菜餚，可以拌、燴，也可配鹹菜（如醃青菜、冬菜、雪裡紅等）切碎燒製。用青豆粒可以製蓉，加豬油炒乾水分，拌入白糖再炒至起沙便成美味甜品。乾豌豆粒在北方常磨粉代糧，或單用，或與麵粉、其他粉類混合，製成餅、饃或麵條等作為主食。乾豆還可做醬、醋及酒的原料。豌豆適合與富含氨基酸的食物一起烹調，可以明顯提高豌豆的營養價值。

5 豌豆養生菜

油酥豌豆

功效 健胃和中，下氣解毒。

原料 乾豌豆250克。

調料 蘇打粉、鹽、花椒粉、花生油各適量。

做法 1. 盆內放清水，加蘇打粉、鹽攪勻，倒入乾豌豆泡約1天，撈出瀝乾水分。鹽和花椒粉入鍋炒勻，做成椒鹽。

2. 炒鍋置大火上，入油燒至八成熱，倒入豌豆炸至浮起且酥脆時，撈出瀝去油，盛入盤中，食用時撒上椒鹽即成。

鮮蝦拌甜豌豆

功效 消暑清熱，健脾益臟腑。

原料 鮮豌豆300克，鮮蝦50克。

調料 沙拉醬、鹽各適量。

做法 1. 將鮮蝦去頭、殼，洗淨，放開水中煮熟。

2. 將甜豌豆洗淨，再放入淡鹽水中煮熟。

3. 將豌豆、鮮蝦一同放入容器，加沙拉醬拌勻即可。

> **小叮嚀** · 買回來的青豌豆可不洗直接放入冰箱冷藏，剝出來的豌豆粒則適於汆燙後冷凍保存。

蘑菇鮮豌豆

功效 補益氣血，降壓去脂，抗癌。

原料 水發蘑菇100克，鮮豌豆、白豆腐乾各50克。

調料 薑末、鹽、香油、花生油、太白粉水各適量。

做法 1. 蘑菇去蒂，洗淨泥沙，切成片，用發泡蘑菇的原湯浸泡。

2. 鮮豌豆去莢取豆粒，洗淨，放入開水鍋中汆燙一下，撈出瀝乾水分。白豆腐乾切丁，放入開水鍋中汆燙透，撈出瀝乾。

3. 鍋入油燒熱，放入豌豆炒至半熟，加鹽和薑末，再放入白豆腐乾和蘑菇片快速炒至斷生，用太白粉水勾薄茨，淋香油，出鍋裝入盤中即成。

鮮菇豌豆

功效 補血益氣，補益脾胃，強壯身體。

原料 香菇100克，鮮嫩豌豆150克。

調料 大豆油、醬油、鹽、味精、蔥末、薑末、黃酒、太白粉、鮮湯各適量。

做法 1. 將香菇洗淨，切成丁。蔥、薑、黃酒、醬油、味精、鹽調汁拌好。將豌豆剝好洗淨。

2. 炒鍋上火，加油燒熱，倒入鮮豌豆略炒，再將香菇丁倒入，快炒幾下，加調汁和鮮湯適量，燒一會兒，將太白粉用溫水和勻，倒入鍋內，燴熟即成。

用法 佐餐食用。

豌豆泥

功效 消暑清熱，健脾益臟腑。

原料 老豌豆250克。

調料 薑末、蔥花、川鹽（四川產的井鹽）、花生油各適量。

做法 1. 老豌豆淘洗淨，放入沸水鍋中煮至熟爛時撈起，剝去皮殼。

2. 炒鍋置中火上，入油燒至六成熱，下入薑末炒出香味，加豌豆和川鹽，邊翻炒邊搗爛成泥狀，撒入蔥花，起鍋裝入盤中即成。

肉末煸豌豆

功效 補中益氣，通利大小便。

原料 鮮豌豆150克，豬瘦肉餡400克。

調料 醬油、料酒、鹽、味精、糖、蔥、薑、油各適量。

做法 1. 將豌豆洗淨。蔥、薑切成末。

2. 炒鍋上火，加油，放入肉餡煸炒，加入料酒、醬油、蔥、薑同炒，至八成熱時加入鹽、糖和豌豆同炒，至肉末乾香、豌豆軟嫩時，加入味精，翻炒均勻後即可出鍋。

雞絲燴豌豆

功效 補益氣血，降壓祛脂，抗癌。

原料 雞肉100克，鮮嫩豌豆150克。

調料 大豆油、醬油、鹽、味精、蔥末、薑末、黃酒、太白粉、鮮湯各適量。

做法 1. 將雞肉洗淨，切成細絲，用蔥、薑、黃酒、醬油、味精、鹽調汁拌好。將豌豆剝好洗淨。

2. 鍋入油燒熱，倒入鮮豌豆略炒，再將雞絲倒入，快炒幾下，加鮮湯適量，燒一會兒，將太白粉用溫水和勻，倒入鍋內，燴熟即成。

用法 佐餐食用。

雞丁豌豆蓋澆飯

功效 養脾，養胃，補虛養身，美容養顏。

原料 白飯400克，雞肉150克，胡蘿蔔、水發香菇各25克，豌豆粒10克。

調料 料酒、蔥末、薑末、鹽、味精、胡椒粉、花生油各適量。

做法 1. 雞肉洗淨，切小丁，加料酒、鹽、薑末入味。胡蘿蔔去皮洗淨，切小丁。香菇去蒂洗淨，切小丁。豌豆洗淨，備用。

2. 鍋置火上，放油燒熱，將蔥末煸香，下胡蘿蔔丁、豌豆粒炒至變軟，加鹽，翻炒至八成熟盛出。

3. 另起鍋，放油燒至八成熱，放入香菇丁、雞肉丁快炒幾下，再放入豌豆粒、胡蘿蔔丁，加味精翻炒均勻，撒胡椒粉，澆在米飯上即可。

蝦仁燴豌豆

功效 ▸ 補充蛋白質。

原料 豌豆100克，蝦仁250克，豬里脊肉25克。

調料 鹽、白糖、胡椒粉、蔥花、薑末、蒜末、雞精、太白粉水、花生油各適量。

做法 1. 將豬里脊肉洗淨，切成丁。

2. 上鍋點火倒油，待油七成熱時倒入豬肉丁、蔥花、薑末、蒜末煸炒。鍋中再放入豌豆、白糖、鹽、雞精，小火煨5～6分鐘，倒入蝦仁、胡椒粉，加少許太白粉水勾芡即成。

小偏方

適應症	症霍亂，吐利，轉筋，心膈煩悶	消渴
原料	豌豆200克，香薷90克	青豌豆或嫩豌豆苗適量
做法	水煎服	青豌豆煮熟淡食，或用嫩豌豆苗搗爛絞汁
用法	內服	每次服半杯，一日2次

2

Soy Milk

豆漿 常喝豆漿 美麗健康

常喝豆漿益處多

《本草綱目》記載，豆漿「利水下氣，制諸風熱，解諸毒」。《延年秘錄》上也記載豆漿「長肌膚，益顏色，填骨髓，加氣力，補虛能食。」中醫理論認為，豆漿性平味甘，滋陰潤燥，「秋冬一碗熱豆漿，驅寒暖胃保健康」，常喝豆漿，對身體大有裨益。

 豆漿的功效

鮮豆漿被中國營養學家推薦為防治高血脂、高血壓、動脈硬化等疾病的健康飲品。飲用鮮豆漿可防治缺鐵性貧血。豆漿對於貧血病人的調養，比牛奶作用要強。以喝熟豆漿的方式補充植物蛋白，可以使人的抗病能力增強，從而達到抗癌和保健作用。長期堅持飲用豆漿能防治氣喘病。

功效1 保護心腦血管

作為日常飲品，豆漿中含有大豆皂苷、異黃酮、大豆低聚糖等具有顯著保健功能的保健因子。多喝鮮豆漿可預防老年癡呆症的發生，可維持正常的營養平衡，全面調節內分泌系統，降低血壓、血脂，減輕心血管負擔，增加心臟活力，優化血液循環，保護心血管，並有平補肝腎、抗癌、增強免疫力等功效，所以有科學家稱豆漿為「心血管保健液」。

功效2 降低血糖

糖尿病大多是由於不科學的飲食長期積累造成的，不當的飲食往往會影響鎂、磷、銅、鋅、鉻、鈷、鍺等元素的吸收，最終導致糖尿病的發生。最近國外有學者研究證實，豆類飲品具有降血糖作用，豆漿是糖尿病患者極其寶貴的食物，因為糖尿病患者攝取豆漿中的水溶性纖維，有助於控制血糖。

功效3 防治高血壓

豆漿中所含的豆固醇和鉀、鎂，是有力的抗鹽鈉物質。如果體內能適當控制鈉的數量，便能防治高血壓。

功效4 防治癌症

豆漿中所含的蛋白質和硒、鉬等都有很強的抑癌和治癌能力，尤其對胃癌、腸癌、乳腺癌有特效。

功效5 養顏美膚

科學研究認為，女性青春的流逝與雌激素的減少密切相關。鮮豆漿除了含有植物雌激素以外，還含有大豆蛋白、異黃酮、卵磷脂等物質，對某些癌症如乳腺癌、子宮癌有一定的預防作用，是一味天然的雌激素補充劑。同時，豆漿還含有一種牛奶所沒有的植物雌激素黃豆苷原，該物質可調節女性內分泌系統的功能。每天喝300～500毫升鮮豆漿，可明顯改善女性心態和身體素質，延緩皮膚衰老，達到養顏美容之目的。

強身健體

　　每百克豆漿含蛋白質4.5克、脂肪1.8克、碳水化合物1.5克、磷4.5克、鐵2.5克、鈣2.5克，此外，豆漿中還含有維生素、核黃素等，對增強體質大有好處。

🥛 SOY MILK　豆漿飲食指南

豆漿的適用量

　　正常成年人每天飲1 ～ 2 次，每次250～350毫升即可；兒童每天飲200～250毫升為宜。

不適宜喝豆漿的人群

　　豆漿雖然很有營養，也不是人人都能飲用或多飲用的，比如：急性胃炎和慢性淺表性胃炎患者均不宜食用豆製品，以免刺激胃酸分泌過多，加重病情，或者引起胃腸脹氣。豆漿中含有一定的低聚糖，能引起嗝氣、腸鳴、腹脹等症狀，所以胃潰瘍的朋友儘量少喝豆漿。

　　胃炎、腎功能衰竭等病人需要低蛋白攝取，不宜飲用豆漿。因為豆類及其製品富含蛋白質，其代謝產物會增加腎臟負擔。

　　豆類中的草酸鹽與腎中的鈣結合，會形成結石，加重腎結石的症狀，所以腎結石的患者也不宜飲用豆漿。痛風是由嘌呤代謝障礙所導致的疾病。黃豆中含有嘌呤，黃豆磨成豆漿後，嘌呤幾乎沒有損失，所以，痛風病者不宜飲用豆漿，或者適量飲用豆漿後需減少肉類的攝入量。

豆漿 VS 牛奶

　　豆漿是一種營養價值極高的日常營養飲品,其營養價值完全可以和牛奶相媲美,而養生保健價值更勝一籌,大豆皂苷、異黃酮、卵磷脂等特殊的保健因子營養價值很高,可以說,豆漿是「心腦血管保健液」。豆漿與牛奶相比,有五大優勢:

1. 豆漿中含植物性保健成分,包括大豆異黃酮、大豆皂苷、大豆多糖、大豆低聚糖,以及其他多酚類物質等。這些成分對於預防多種慢性疾病均有幫助。而牛奶中沒有這些成分。
2. 豆漿中含維生素E和不飽和脂肪酸,飽和脂肪酸含量低,不含有膽固醇。
3. 豆漿含有膳食纖維。豆漿中以可溶性纖維為主,豆渣中有大量不可溶纖維。牛奶中沒有膳食纖維。
4. 豆漿熱量偏低,豆漿蛋白質和脂肪含量的比例是2:1,而牛奶中二者比例是1:1。
5. 豆漿作為植物性食品,大豆的污染危險相對於動物性食品要小得多。自己打豆漿更避免了加工中的可能污染和摻假。

　　鮮豆漿含有豐富的優質蛋白質及多種人體所需的微量元素,素有「綠色牛乳」之稱,其營養價值與牛奶相近,蛋白質含量高達2.56%,比牛奶蛋白質含量2%還要高,並且豆漿中的蛋白為優質植物蛋白;豆漿還富含鈣、磷、鐵等礦物質,鐵的含量是牛奶的25倍;豆漿中不含膽固醇與乳糖,牛奶中含有乳糖,乳糖要在乳糖酶的作用下才能分解,進而被人體吸收,但中國多數人體內缺乏乳糖酶,這也是很多人喝牛奶會腹瀉的主要原因。另外,豆漿富含的不飽和脂肪酸、大豆皂苷、異黃酮、卵磷脂等幾十種對人體有益的物質,具有降低人體膽固醇,防治高血壓、冠心病、糖尿病等多種疾病的功效。

　　牛奶裡不含抗癌物質,而豆漿含有五種抗癌物質,特別是其中的異黃酮,是預防及治療乳腺癌、直腸癌、結腸癌的重要物質。

喝豆漿的誤區

誤區1 早晨空腹喝豆漿

建議 如果空腹喝豆漿，豆漿裡的蛋白質大都會在人體內轉化為熱量而被消耗掉，營養就會大打折扣，因此，喝豆漿時最好吃些麵包、饅頭等澱粉類食品。另外，喝完豆漿後還應吃些水果，因為豆漿中含鐵量高，配以水果可以促進人體對鐵的吸收。

誤區2 往豆漿裡加個雞蛋更有營養

建議 因為豆漿中有胰蛋白酶抑制物，能抑制蛋白質的消化，降低營養價值。最宜往豆漿中加白糖，加冰糖則更勝一籌。

誤區3 豆漿營養豐富，人人都適宜

建議 豆漿性平偏寒，因此飲後常有反胃、呃逆、腹瀉、腹脹等反應的人，以及夜間尿頻、遺精的人，均不宜飲用豆漿。另外，豆漿中的嘌呤含量高，痛風病人也不宜飲用。

誤區4 豆漿只要加熱就可以飲用

建議 飲用未煮熟的豆漿會中毒，因為生豆漿中含有皂素、胰蛋白酶抑制物等有害物質，未煮熟就飲用不僅會難以消化，而且還會出現噁心、嘔吐和腹瀉等中毒症狀。

誤區5 豆漿可以用保溫瓶儲存

建議 不要用保溫瓶儲存豆漿。豆漿裝在保溫瓶內，會使瓶裡的細菌在溫度適宜的條件下，將豆漿作為養分而大量繁殖，經過3～4個小時就會讓豆漿酸敗變質。

TIPS

🫘 泡豆安全嗎？

有人擔心泡豆的過程中會產生致癌物黃麴黴毒素，危害健康。

事實上，黃麴黴是在種子類食品受潮時滋生的，它在有一定水分（而不是已經充分吸水的狀態）、同時氧氣充足的情況下才會產生。如果把食品泡在水裡，氧氣不足，黃麴黴就很難繁殖起來。所以泡豆不會產生黃麴黴毒素。

如果擔心豆子在儲藏中被黃麴黴污染，應該先用清水浸泡，然後把泡豆水倒掉，再用清水沖洗幾遍，用清水打豆漿，會更為安全。

🫘 不宜用泡豆的水直接做豆漿

有的人為了圖省事，將豆子清洗後放在豆漿機中浸泡，並直接用泡豆的水做豆漿。這種做法有失妥當。

大豆浸泡一段時間後，水色會變黃，水面上會浮現出很多水泡。這是因為大豆鹼性大，經浸泡後發酵所致。尤其是夏天，很容易產生異味滋生細菌。如此做出的豆漿不僅有鹼味、影響口感，而且不衛生，人喝了以後有損健康，還可能導致腹痛、腹瀉、嘔吐。

因此，大豆浸泡後，在做豆漿之前，一定要倒掉黃色鹼水，用清水將豆子清洗幾遍，之後再換上清水攪打製作。這既是做出美味豆漿的需要，也是衛生和健康的保證。

 ## 豆漿的製作過程

1 挑選好豆

色澤：具有該品種固有的色澤，如黃豆為黃色，黑豆為黑色等，鮮豔有光澤的是好大豆；若色澤暗淡，無光澤為劣質大豆。

質地：顆粒飽滿且整齊均勻，無破瓣，無缺損，無蟲害，無黴變，無掛絲的為好大豆；顆粒瘦瘪，不完整，大小不一，有破瓣，有蟲蛀，黴變的為劣質大豆。

乾濕度：牙咬豆粒，發音清脆成碎粒，說明大豆乾燥；若發音不清脆，則說明大豆潮濕。

香味：優質大豆具有正常的香氣和口味；有酸味或黴味者品質次等。

2 浸泡黃豆

製作豆漿前要用清水將黃豆洗淨，再將其充分浸泡，使豆質軟化，經粉碎、過濾及充分加熱，能提高黃豆中營養的消化吸收率。乾黃豆一般用清水浸泡6～10個小時，就能泡得比較充分了。

3 製作豆漿

豆漿既可以用料理機製作，又可以用豆漿機製作，兩者各有優缺點。您可以視自己的情況選用，具體操作步驟請參見P56～P58。

4 做好清洗

為了不讓豆漿和豆渣乾硬在豆漿機表面，最好在剛做完豆漿後就把豆漿機清洗乾淨。清洗時可用軟布將豆漿機的杯身、機頭及刀片上的豆渣清洗乾淨，然後用一個軟毛刷子刷洗掉縫隙中的豆渣即可。清洗時千萬不能將機頭浸泡在水中或用水直接沖淋機頭的上半部分，以免受潮短路，使豆漿機無法正常使用。

5 保存豆漿

做好的豆漿最好一次喝完，喝剩下的要倒入密閉的容器中，或用保鮮膜包好，放入冰箱冷藏，飲用時需重新煮沸。放入冰箱冷藏的豆漿也應儘快喝完，存放時間過長同樣易變質。

TIPS

🫘 豆漿機

優點 成品是加熱煮熟的，可以直接喝。

提示 豆漿機不適宜做水果、蔬菜之類的豆漿。因為蔬菜、水果不宜加熱過久，否則會損失營養。

🫘 料理機

優點 適宜做各種類型的豆漿，營養不會受損。

提示 做好的豆漿是生的，不能直接飲用，還需要入鍋煮熟後才可飲用。

● 豆漿機 製豆漿操作程序

浸泡豆子 → 加料 → 加水 → 安裝機頭 → 插上電源 → 選擇打漿鍵 →
啟動機器 → 拔掉電源線 → 過濾豆漿 → 調味 → 成品

1 **浸泡豆子**：用隨豆漿機配送的量杯按2/3刻度線盛出乾黃豆，洗淨後泡入清水中，浸泡時間為6小時以上。

2 **加料**：將泡好的豆子清洗一遍，洗乾淨的其他配料直接倒入豆漿機杯體內。

3 **加水**：往豆漿機杯體內倒入純淨水或自來水，水位嚴格控制在上下水位線之間。

4 **安裝機頭**：將機頭放入杯體中，扣好。將電源插頭插在機體上，電源指示燈亮。

5 **選擇打漿鍵**：按照使用說明選擇所需的功能，相應指示燈亮。按下「開始」鍵。

6 **啟動機器**：豆漿機開始工作，20分鐘左右豆漿機提示音響起，提示豆漿打好。

7 **拔掉電源線**：當豆漿打好，自動提示音結束後，拔掉電源線，打開機頭，將豆漿倒出。

8 **調味**：可根據自己的口味，添加白糖、冰糖或鹽調味，一杯美味的豆漿就做好了。

- 當生豆漿加熱到80～90℃的時候，會出現大量的白色泡沫，很多人誤以為此時豆漿已經煮熟，但實際上這是一種「假沸」現象，此時的溫度不能破壞豆漿中的皂苷物質。正確的煮豆漿的方法應該是在出現「假沸」現象後，繼續加熱3～5分鐘，至泡沫完全消失方可安全飲用。

- 煮豆漿時要敞開鍋蓋，讓豆漿裡的有害物質隨著水蒸氣蒸發掉。

- 用豆漿專用過濾網把豆漿過濾一遍，可使口感更細膩（上圖）；如果不過濾，口感稍差，但營養成分保留更全面。

🫘 料理機 製豆漿操作程序

1 **泡大豆**：將大豆用清水泡漲。其時間不要太長，一般為6個小時左右，冬季稍微長一些。

 TIPS

- 浸泡時間不宜過長或過短，以用手能捏開豆瓣為宜。浸泡時間過長，會增加澱粉和蛋白質的流失；而浸泡時間過短，則不利於大豆磨漿，出漿少，影響出品率。特別是在盛夏季節要控制好浸泡時間。否則豆子會發酵，影響品質。

2 **打豆漿**：將泡好的豆子洗淨後，加清水一同倒入家用料理機的桶內（A圖），加蓋，接通電源，啟動料理機（B圖），將豆子打成豆漿即可（C圖）。

TIPS

- 泡好的豆子與水的比例大約是1：4。喜歡稀豆漿的朋友可以多加水。
- 每次不要放太多的豆子和水，否則會打得不均勻。
- 打的過程中要不斷搖晃料理機，使豆漿打得均勻一些。
- 打漿時不要一次打好，中間應停兩三次再繼續打，以保護機器，至泡沫有3～4公分厚的時候，打出的豆漿口感最好。

3 過濾豆漿： 為了使豆漿口感更細膩，可將紗布或過濾網放在盛器口，倒入打好的豆漿，過濾出豆渣。

4 煮豆漿： 淨鍋上火，先加少許清水（可防止煮豆漿時糊鍋），倒入豆漿，煮10～15分鐘至熟即成。

TIPS

- 如果料理機有過濾網，可不經過濾這一步，豆渣和豆漿會自動分離。
- 煮豆漿時應注意四點：一是豆漿必須要煮開煮熟；二是在煮豆漿時必須要敞開鍋蓋；三是不得用大火，以防糊鍋、溢鍋；四是煮製期間要用勺揚漿，以免溢鍋，煮的過程中不宜加冷水。

5 調味： 倒出豆漿，根據自己的口味喜好，添加白糖、冰糖或鹽調味。

TIPS

- 料理機除了可以打豆漿還可以做奶昔，但做奶昔時經常有很多泡沫，如何才能讓泡沫少一些？

1. 減少水的比例。視加的其他配料的情況加水，如果是水果奶昔，水果本身也有很多水分。此時水減少一些，泡沫就少了。

2. 縮短時間。通常做水果奶昔時打35秒即可。時間越久，泡沫越多。

製作豆漿應注意的細節

細節1 最好用濕豆

泡過的豆子能提高其營養的消化吸收率，並且用清水充分浸泡大豆後能減輕豆腥味，降低微量含有的黃麴黴素（一種致癌物）。用乾豆做出的豆漿在濃度、營養吸收率等方面都不及用濕豆做的。

細節2 清水打豆漿

大豆用水浸泡好後需再用清水沖洗幾遍。清除掉黃色鹼水以後再換上清水攪打製作豆漿。

細節3 豆漿需煮開

用料理機打好豆漿，一定要煮開後飲用。未煮開的豆漿對身體有害，其中含有皂素、胰蛋白酶抑制物兩種有毒物質，對胃腸道會產生刺激，引起中毒症狀，所以豆漿一定要煮開。一般來説，豆漿煮起泡後，繼續加熱3～5分鐘，才是安全健康的。

細節4 豆漿的保存

家庭自製的豆漿最好即做即飲，假如豆漿一次喝不完，也可以盛入乾淨的碗內，覆上一層保鮮膜放冰箱冷藏。保存最好不要超過24小時，食用前要重新煮沸。

細節5 選用豆漿機

豆漿機宜選擇符合國家安全標準的豆漿機，必須帶有CCC認證標誌或歐盟CE認證等。

目前市面上豆漿機主要分為有網、無網兩種。有網的又分細網和五穀精磨器兩種，但兩者均不好清洗。無網豆漿機是未來發展趨勢。

豆漿機還分為豆渣分離和豆渣不分離兩種：豆渣不分離的磨出的豆漿營養更全面、口感更好。比傳統豆漿要稠得多。

可根據家庭人口的多少選擇豆漿機的容量：1～2人的建議選擇800～1000毫升；3～4人的建議選擇1000～1300毫升；4人以上的建議選擇1200～1500毫升。

料理機　　　全自動豆漿機

經典原味豆漿

黃豆豆漿

功效 補虛，清熱化痰，通淋（清熱利濕），利大便，降血壓，增乳汁。

原料　黃豆85克。

調料　白糖適量。

做法　1. 黃豆用清水浸泡10～12個小時，洗淨。

2. 把浸泡好的黃豆倒入全自動豆漿機中，加水至上下水位線之間，按鍵啟動，煮至豆漿機提示豆漿做好。

3. 將原汁豆漿過濾，加入適量白糖，調勻即可。

黃豆：味甘，性平，能健脾利濕，益血補虛，解毒。

青豆豆漿

功效 ▶ 健脾，潤燥，利水，健腦，預防脂肪肝。

原料　青豆100克。

調料　白糖適量。

做法　1. 將青豆洗淨，用清水浸泡10～12
　　　　　個小時。

　　　2. 將泡好的青豆倒入全自動豆
　　　　　漿機中，加水至合適位
　　　　　置，啟動機器，煮至豆
　　　　　漿機提示豆漿做好。

　　　3. 依個人口味加入白糖即
　　　　　可飲用。

青豆：味甘，性平，有健脾寬中，潤燥消水的作用。

黑豆豆漿

功效 延緩人體衰老，清除體內自由基，抗癌、延年益壽。

原料　黑豆80克。

調料　白糖適量。

做法　1. 將黑豆洗乾淨，在溫水中泡
　　　　　7～8個小時，水要淹過
　　　　　黑豆2～3倍高。

　　　　2. 待黑豆泡軟，倒掉泡
　　　　　黑豆的水，把黑豆放
　　　　　入豆漿機中，加水不
　　　　　要超過最高水位線。

　　　　3. 啟用豆漿機煮開，新
　　　　　鮮的黑豆漿即完成。

　　　　4. 依個人口味加入白糖
　　　　　即可飲用。

黑豆：性平味甘，有活血、利水、祛風、消熱解毒、滋養健血、補虛烏髮的功能。

綠豆豆漿

功效 ▸ **清熱解暑，利水消腫，潤喉止渴，明目降壓。**

原料　綠豆80克。

調料　白糖適量。

做法　1. 將綠豆洗淨，浸泡4～6個小時。

　　　2. 將泡好的綠豆倒入全
自動豆漿機中，加水
至合適位置，啟動機
器，煮至豆漿機提示
豆漿做好。

　　　3. 依個人口味加入白糖即
可飲用。

綠豆：味甘性寒，厚腸胃，潤皮膚，和五臟，滋脾胃，祛暑解毒。

紅豆豆漿

功效 ▸ 淨化血液，解除心臟疲勞，利尿消腫。

原料　紅豆80克

調料　白糖適量。

做法　1. 將紅豆洗淨，用清水浸泡4
　　　　～6個小時。

　　　2. 將泡好的紅豆倒入全自動豆
　　　　漿機中，加水至合適位置，
　　　　啟動機器，煮至豆漿機提示
　　　　豆漿做好。

　　　3. 依個人口味加入白糖，即可
　　　　飲用。

紅豆：性平，味甘、酸。健脾止瀉，利水消腫。

豌豆豆漿

功效 潤腸，通便。

原料 乾豌豆100克。

調料 白糖適量。

做法 1. 將乾豌豆洗淨，用清水浸泡10～12個小時。

2. 將泡好的豌豆倒入全自動豆漿機中，加水至合適位置，啟動機器，煮至豆漿機提示豆漿做好。

3. 依個人口味加入白糖即可飲用。

豌豆：性平味甘，益中氣，止瀉痢，利小便，消癰腫（消膿瘡）。

五豆豆漿

降脂降壓，強筋健脾，保護心血管。

原料 黃豆30克，黑豆、青豆、豌豆、花生米各
　　　10克

調料 白糖適量。

做法 1. 將五種豆類浸泡6～10個小時，備用。

　　　2. 將浸泡好的五豆裝入豆漿機中，往杯體
　　　　 內加入清水至上下水位之間，啟動豆漿
　　　　 機，煮至豆漿機提示豆漿做好。

　　　3. 依個人口味加入白糖即可飲用。

花生：花生屬於豆科落花生屬，又稱花生豆。

加料營養豆漿

芝麻黑豆漿

原料 黑豆80克，黑芝麻、花生各10克。

調料 白糖適量。

做法 1. 花生與黑豆浸泡6～10小時，洗淨。

2. 將黑芝麻與浸泡好的花生、黑豆一起放入豆漿機，加水至合適位置，啟動機器，煮至豆漿機提示豆漿做好。

3. 依個人口味加入白糖即可飲用。

功效 **黑豆 + 黑芝麻 + 花生**
烏髮養發，潤膚美顏，補肺益氣，滋補肝腎，潤腸通便，養血增乳。

推薦食材 **黑芝麻**

　　黑芝麻是中國主要油料作物之一，其種子含油量高達61％。中國自古就有許多用芝麻和香油製作的名產食品和美味佳餚，一直著稱於世。黑芝麻多用於補益藥用。

營養與保健

· 黑芝麻含有大量的脂肪和蛋白質，還含有膳食纖維、維生素B_1、維生素B_2、尼克酸、維生素E、卵磷脂、鈣、鐵、鎂等營養成分。

· 黑芝麻中的亞油酸有調節膽固醇的作用。

· 黑芝麻中富含的維生素E，能防止過氧化脂質對皮膚的危害，抵消或中和細胞內有害物質自由基的積聚，可使皮膚白皙潤澤，並能防止各種皮膚炎症。

· 黑芝麻還具有養血的功效，可以改善皮膚乾燥、粗糙，令皮膚細膩光滑、紅潤光澤。

紅椒花生豆漿

原料 黃豆80克，花生仁20克，紅甜椒20克。

調料 白糖或鹽適量。

做法
1. 將黃豆浸泡10～12個小時，洗淨。花生仁洗淨，待用。紅甜椒洗淨，切末。
2. 將花生仁、紅甜椒末和浸泡好的黃豆一起放入豆漿機，加水至上下水位線之間，啟動機器，煮至豆漿機提示豆漿做好。
3. 依個人口味加入白糖或鹽調味，攪拌均勻後飲用即可。

> **功效** **黃豆＋花生＋紅甜椒**
> 增加大腦皮質的興奮和抑制功能，提高學習和工作效率。

小叮嚀
- 相對淺色皮的花生，深色皮的花生蛋白質含量較高一些，脂肪含量低一些。而對於花生仁來說，小粒的花生所含的蛋白質高於大粒的。

推薦食材 花生

花生別名落花生、長生果、地果。

營養與保健

- 花生含有脂肪、蛋白質、氨基酸、卵磷脂、嘌呤、花生鹼、膽鹼，以及澱粉、纖維素、無機鹽、生育酚和多種維生素，還含有鈣、鉀、磷、鐵、鎂等多種礦物質。
- 花生具有健脾和胃、潤肺化痰、調氣養血、利水消腫、止血生乳等功效，常用於血小板減少性紫癜（紫斑）、慢性腎炎、慢性胃炎、白細胞減少症、子宮出血症等。

食用指南

- 花生炒熟或油炸後，性質熱燥，不宜多食。
- 在花生的諸多吃法中，以燉吃為最佳。既能避免營養素被破壞，又具有不溫不火、口感潮潤、入口即爛、易於消化的特點，老少皆宜。

黃金搭配

- 花生適宜與木瓜搭配，具有消暑解熱、潤腸通便的功效。
- 花生適宜與芹菜搭配，可以降低血壓。
- 花生適宜與鯉魚搭配，可以營養互補，有益健康。
- 花生適宜與紅豆搭配，具有補益心脾的功效。

玉米豆漿

原料　黃豆1杯，玉米1杯（用新鮮玉米口感更好）。

調料　白糖適量。

做法　1. 將黃豆浸泡10～12小時，洗淨備用。

　　　2. 將黃豆與玉米一起洗淨，放入豆漿機，加水到上下水位線之間，按鍵，煮至豆漿機提示豆漿做好。

　　　3. 依個人口味加入白糖即可飲用。

功效

黃豆 + 玉米

有利於機體對蛋白質的消化、吸收和利用。

小叮嚀

- 玉米發黴後會產生致癌物，所以發黴玉米絕對不能食用。
- 玉米所含的蛋白質中缺乏色氨酸，單一食用玉米易發生癩皮病（糙皮病），所以以玉米為主食的地區應多吃豆類食品。

推薦食材　玉米

玉米又稱包穀、棒子、玉麥、包米等。玉米是粗糧中的保健佳品。

營養與保健

- 玉米含有碳水化合物、蛋白質、脂肪、胡蘿蔔素、維生素B_2等。
- 玉米味甘性平，歸胃腸經，具有調中開胃、利水通淋之功效，適用於食欲不振、水腫、尿路感染、肝炎等。

烹調指南

- 怎樣煮老玉米更味美：煮老玉米時不要剝掉所有皮再煮，而應留下一至兩層嫩皮一起慢煮。如果是剝過皮的玉米，可將皮洗淨墊在鍋底，然後把玉米放在上面加水同煮，這樣煮出的玉米鮮嫩味美。

食用指南

- 吃玉米時應把玉米粒的胚類全部吃掉，因為玉米的許多營養都集中在這裡。
- 玉米熟吃更佳，烹調儘管使玉米損失部分維生素C，卻獲得了營養價值更高的抗氧化劑活性。

黃金搭配

- 玉米適宜與草莓搭配，可以預防黑斑和雀斑。
- 玉米適宜與松子搭配，能輔助治療脾肺氣虛、乾咳少痰、皮膚乾燥等。

米香豆漿

原料　白米60克，黃豆30克。

調料　白糖適量。

做法　1. 將黃豆浸泡10～12小時，洗淨備用；白米淘洗乾淨。

　　　2. 將黃豆與白米放入豆漿機，加水到上下水位線之間，煮至豆漿機提示豆漿做好。

　　　3. 依個人口味加入白糖即可飲用。

功效　**黃豆 + 白米**

補中益氣，壯筋骨，通血脈。

推薦食材　白米

白米是由稻子的子實脫殼而成的。

營養與保健

- 白米中的蛋白質主要是米精蛋白，氨基酸的組成比較完全，人體容易消化吸收，但賴氨酸含量較少。糙米的礦物質、膳食纖維、維生素B群（特別是維生素B_1）含量都較精米的高。

- 白米具有補中益氣、平和五臟、止煩渴、止泄、壯筋骨、通血脈、益精強志、好顏色之功效，適用於瀉痢、胃氣不足、口乾渴、嘔吐、諸虛百損等。

烹調指南

- 做米飯時，要「蒸」不要「撈」，撈飯會損失大量的維生素。

- 煮飯時，加少量鹽、少許豬油，做出的飯就會又軟又鬆。

小叮嚀

- 往鹽罐裡放幾顆白米粒，可防止鹽受潮。

- 宜用開水燒飯：用冷水燒飯，特別是用自來水燒飯，是非常不科學的，這是因為自來水中含有氯氣，能使白米中的維生素B_1大量流失，一般流失30％。若用開水燒飯，則不會引起這樣的損失。所以，燒飯宜用開水。

- 鹹湯巧變淡：在一個小布袋裡裝上麵粉或煮熟了的白米飯，紮緊後放入湯裡煮一下，就可吸收掉多餘的鹽分，使湯變淡。

蕎麥豆漿

原料 黃豆、乾蕎麥各80克。

調料 白糖適量。

做法 1. 將黃豆浸泡10～12小時，洗淨備用。將乾蕎麥浸泡6～8小時，洗淨待用。

2. 將黃豆與蕎麥放入豆漿機，加水到上下水位線之間，煮至豆漿機提示豆漿做好。

3. 依個人口味加入白糖即可飲用。

功效 **黃 豆 + 蕎 麥**

消渴除熱，益氣寬中，養血安神。

推薦食材 **蕎麥**

營養與保健

· 蕎麥含有蛋白質、脂肪、澱粉、氨基酸、維生素B群、鈣、磷、鐵、鎂、鉻等。蕎麥原產於中國北方地區，因其營養豐富和含有特殊的健康成分頗受推崇，被譽為健康食品。

· 蕎麥富含蘆丁類強化血管物質、礦物營養素及植物纖維素等。最近研究顯示：經常食用蕎麥不易引起肥胖症，因為蕎麥含有營養價值高、平衡性良好的植物蛋白質，這種蛋白質在體內不易轉化成脂肪，所以不易導致肥胖。

· 蕎麥中所含的植物纖維是日常食用的麵和米的8倍之多，具有良好的預防便秘作用，經常食用對預防大腸癌和肥胖症有益。蕎麥有降血脂、保護視力、軟化血管、降低血糖的功效。同時，蕎麥可殺菌消炎，有「消炎糧食」的美稱。

玉米銀耳枸杞豆漿

原料 黃豆30克，玉米60克，枸杞10克，銀耳1朵。

調料 白糖或鹽適量。

做法
1. 將黃豆浸泡10～12個小時，洗淨備用。玉米洗淨待用。枸杞洗淨，泡軟，切碎待用。銀耳用清水泡發，撕成小朵。
2. 將乾淨的黃豆、銀耳、玉米和枸杞一起放入豆漿機，加入適量水，啟動機器，煮至豆漿機提示豆漿做好。
3. 依個人口味加入白糖即可飲用。

> **功效** **黃豆+玉米+枸杞+銀耳**
> 降低膽固醇，抗血管硬化。

小叮嚀
- 變質銀耳不可食用，以防中毒。
- 熟銀耳忌久放。

推薦食材　銀耳

銀耳也叫白木耳、雪耳，有「菌中之冠」的美稱。它既是名貴的營養滋補佳品，又是扶正強壯的補藥。

營養與保健

- 銀耳的營養成分相當豐富，含有蛋白質、脂肪和多種氨基酸、礦物質及肝糖。銀耳蛋白質中含有17種氨基酸，人體所必需的氨基酸有3/4都可由銀耳提供。銀耳還含有多種礦物質，如鈣、磷、鐵、鉀、鈉、鎂、硫等，其中鈣、鐵的含量很高，在每百克銀耳中，含鈣643毫克、鐵30.4毫克。此外，銀耳中還含有海藻糖、多縮戊糖、甘露糖醇等肝糖，既有補脾開胃的功效，又有益氣清腸的作用，還可以滋陰潤肺。銀耳還能增強人體免疫力，並增強腫瘤患者對放療和化療的耐受力。

食用指南

- 銀耳宜用開水泡發，泡發後應去掉未發開的部分，特別是那些呈淡黃色的東西。
- 銀耳主要用來做甜菜，以湯菜為主。冰糖銀耳含糖量高，睡前不宜食用，以免血黏度增高。
- 銀耳是一種含粗纖維的減肥食品，配合豐胸效果顯著的木瓜同燉，可謂是「美容美體佳品」。
- 選用偏黃一些的銀耳口感較好，燉好的甜品放入冰箱冰鎮後飲用，味道更佳。

糯米黑豆漿

原料　黑豆60克，糯米30克。

調料　白糖適量。

做法　1. 將黑豆浸泡6～8個小時，洗淨備用。
　　　　糯米淘洗乾淨。

　　　2. 將糯米、黑豆一起放入豆漿機，加入
　　　　適量水，啟動機器，煮至豆漿機提示
　　　　豆漿做好。

　　　3. 依個人口味加入白糖即可飲用。

功效　**黑豆 + 糯米**
溫補強體、補中益氣、補腎益陰、
健脾利濕。

推薦食材　糯米

糯米又名江米、元米。

營養與保健

・糯米含有蛋白質、脂肪、碳水化
合物、膳食纖維、維生素B_1、維
生素B_2、維生素E、鈣、磷、鉀、
鈉、鎂等營養成分。

・糯米具有補中益氣、健脾養胃、
止虛汗之功效，對食欲不佳有一
定緩解作用。

黃金搭配

・糯米適宜與藕搭配，具有補中益
氣的功效。

・糯米適宜與豬肚搭配，可以益氣
補中、殺蟲。

・糯米適宜與紅棗搭配，具有健脾
益氣的功效。

・糯米適宜與蓮子搭配，能益氣
和胃，補脾養肺，強健骨骼和
牙齒。

紅棗蓮子豆漿

原料 黃豆50克,紅棗(去核)、蓮子肉各15克。

調料 白糖適量。

做法 1. 將黃豆浸泡10～12個小時,洗淨備用。將蓮子肉泡至發軟。

2. 將紅棗洗淨與蓮子肉、黃豆一起放入豆漿機,加入適量水,啟動機器,煮至豆漿機提示豆漿做好。

3. 依個人口味加入白糖即可飲用。

功效 **黃豆 + 紅棗 + 蓮子**
滋陰益氣,養血安神,補脾胃,清熱解毒。

營養與保健

· 蓮子含蛋白質、鈣、鐵、磷、維生素C、碳水化合物、棉子糖等。

· 蓮子能補心養血、補脾止瀉、益腎澀精、養心安神、調理腸胃、治療腹瀉。適用於脾虛久瀉、遺精帶下、心悸失眠等症,孕婦用其來預防早產、流產及腰酸症狀極為有效。

食用指南

· 蓮子的品質以湘蓮品質為最好,其皮色淡紅,皮紋細緻,粒大飽滿,生吃微甜,一煮就酥,食之軟糯清香;紅蓮品質較差,其粒形瘦長,皮色暗花,臍部下陷,中心空間較大,生吃味淡,久煮不酥。

· 除生食外,還可做成冰糖蓮子、蜜餞、煮粥或湯羹,或做成糕點等。

· 乾蓮子應用保鮮袋裝好,放入有蓋的密封容器中,置於陰涼、乾燥、通風處保存。

小叮嚀

· 食用蓮子時,要注意蓮子是否含過量的過氧化氫。過氧化氫具有刺激性,食入過氧化氫可能造成嘔吐、腹瀉等症狀。減少攝取蓮子中過氧化氫的方法很簡單,將烹煮蓮子的時間延長,並將鍋蓋打開,讓過氧化氫儘快揮發掉。

· 蓮子最忌受潮受熱,受潮容易被蟲蛀,受熱則蓮心的苦味會滲入蓮肉,因此蓮子應存於通風乾燥處。

紅棗枸杞豆漿

原料 黃豆45克，紅棗15克，枸杞10克。

調料 白糖適量。

做法 1. 將黃豆浸泡10～12小時，洗淨備用。
將紅棗洗淨去核，枸杞洗淨備用。

2. 將泡好的黃豆、紅棗和枸杞一起放入
豆漿機，加入適量水，啟動機器，煮
至豆漿機提示豆漿做好。

3. 依個人口味加入白糖即可飲用。

功效 **黃豆 + 紅棗 + 枸杞**

補虛益氣，安神補腎，改善心肌
營養，防治心血管疾病。

小叮嚀

・紅棗雖好，但吃多了會脹氣。生
鮮紅棗進食過多易產生腹瀉並傷脾
胃，應注意控制食量。

推薦食材 **紅棗**

紅棗別名大棗、棗、大紅棗。

營養與保健

・紅棗含有蛋白質、脂肪、糖類、
鈣、磷、鐵、鎂及豐富的胡蘿蔔
素、維生素C、維生素B_1、維生
素B_2等。

・紅棗能補中益氣、養血生津，可
用於輔助治療脾胃虛弱、食少便
溏、氣血虧虛、神經衰弱、脾胃
不和、消化不良、勞傷咳嗽等，
其養肝防癌功能尤為突出。

食用指南

・棗的食用方法很多，鮮棗生吃最
有利於營養的吸收，乾棗則適合
煮粥或煲湯，能使其中的營養成
分很好地釋放出來。

・枸杞適宜與兔肉搭配，具有止渴
健胃、滋補肝腎的功效。

黃金搭配

・紅棗適宜與荔枝搭配，可輔助治
療脾虛腹瀉。

・紅棗適宜與桂圓、黑木耳搭配，
能補血、養血、安神。

・紅棗適宜與南瓜搭配，可以補中
益氣、收斂肺氣。

・紅棗適宜與栗子、黨參搭配，具
有健脾益氣的功效。

枸杞豆漿

原料 黃豆60克，枸杞10克。

調料 白糖適量。

做法 1. 將黃豆浸泡10～12小時，洗淨備用。

2. 將泡好的黃豆和枸杞一起放入豆漿機，加入適量水，啟動機器，煮至豆漿機提示豆漿做好。

3. 依個人口味加入白糖即可飲用。

功效 **黃豆 + 枸杞**

滋補肝腎，益精明目，增強免疫力。

推薦食材 **枸杞**

營養與保健

· 枸杞富含枸杞多糖、脂肪、蛋白質、游離氨基酸、牛磺酸、甜菜鹼、維生素B群、維生素E、維生素C，特別是類胡蘿蔔素含量很高。此外，還含有大量的礦物質，如鉀、鈉、鈣、鎂、鐵、銅、錳、鋅、硒等。

· 枸杞具有補腎益精、養肝明目、補血安神、生津止渴、潤肺止咳之功效，適用於肝腎陰虧、腰膝酸軟、頭暈目眩、目暈多淚、虛勞咳嗽、消渴、遺精等症。

黃金搭配

· 枸杞適宜與蘋果搭配，具有和脾開胃、補心益氣的功效。

· 枸杞適宜與葡萄搭配，是補血良品。

· 枸杞適宜與竹筍搭配，可清肝降火。

· 枸杞適宜與豬肉搭配，可清熱、潤膚。

· 枸杞適宜與羊肝搭配，能夠補腎益精、防治眼病。

· 枸杞適宜與兔肉搭配，具有止渴健胃、滋補肝腎的功效。

紅棗綠豆豆漿

功效 ▶ 補氣提神，消暑涼血。

原料 紅棗（去核）15克，綠豆20克，黃豆40克。

調料 白糖適量。

做法 1. 將綠豆、黃豆浸泡6～10個小時。

2. 將紅棗洗淨，與綠豆、黃豆一起放入豆漿機網罩中，杯體中加入清水，啟動機器，將豆漿煮熟。

3. 依個人口味加入白糖，攪勻即可。

玉米紅豆豆漿

功效 ▸ 利尿，有助於消除水腫。

原料 黃豆30克，玉米60克，紅豆20克。

調料 白糖適量。

做法 1. 將黃豆浸泡10～12個小時。

2. 將紅豆洗淨，浸泡4～6個小時。玉米淘洗乾淨，用清水浸泡2個小時。

3. 將上述原料一起放入豆漿機中，加入適量水，啟動機器，煮至豆漿機提示豆漿做好。

4. 依個人口味加入白糖即可飲用。

蓮子花生豆漿

功效 ▸ 滋補益氣，止血補虛，增強記憶，抗衰老。

原料 黃豆80克，蓮子30克，花生20克。

調料 白糖適量。

做法 1. 將黃豆浸泡10～12個小時。蓮子、花生分別加水泡至發軟，撈出洗淨，蓮子去心切丁。

2. 將上述原料放入豆漿機中，加入適量水，啟動機器，煮至豆漿機提示豆漿做好。

3. 依個人口味加入白糖即可飲用。

栗子燕麥豆漿

原料 黃豆80克，栗子、燕麥各適量。

調料 白糖適量。

做法 1. 將黃豆浸泡10～12個小時。栗子去皮切成小塊。

2. 將黃豆、栗子塊、燕麥放入豆漿機中，加入適量水，啟動機器，煮至豆漿機提示豆漿做好。

3. 依個人口味加入白糖即可飲用。

功效

黃豆 + 栗子 + 燕麥

養胃健脾，補腎強筋，祛寒。

小叮嚀

· 應挑選顆粒飽滿、無蟲蛀、皮殼完整、無變色的板栗。大量貯存時應將板栗在室內攤開1～2天，讓其散發水分，當鮮果失重約10％即可貯藏。貯藏後1個月內為危險期，要勤翻查才能逐漸穩定。

推薦食材　栗子

栗子又稱栗、板栗、栗果、甘栗等，為山毛櫸科植物栗子的果實。栗果不僅含有大量澱粉，而且含有蛋白質、脂肪、維生素B群等多種營養成分，素有「千果之王」的美稱。

食用指南

· 巧剝栗子皮

方法一：將需要進一步加工的栗子放在陽光下晾曬，時間稍長後，栗子的外殼和內皮會自然開裂。經過這樣處理的栗子剝皮非常容易，而且加工時更易進味。

方法二：煮栗子之前，先將栗子在砂糖水中浸泡一夜，這樣煮後就可輕而易舉地將栗子的一層內皮去除乾淨。

· 巧炒栗子

將栗子的凸面橫切一下，要切透皮，然後放進燒熱的高壓鍋裡，蓋閥，每5分鐘搖動1次，使栗子受熱均勻，30分鐘後出鍋。炒時火不要過大，以免炒糊。這樣炒出的栗子又香又熱，還易剝皮。

黃金搭配

· 栗子適宜與薏米搭配，具有補益脾胃、補腎利尿的功效。

· 栗子適宜與紅棗搭配，能健脾益氣、補血。

· 栗子適宜與雞肉搭配，能增強人體造血功能。

燕麥芝麻豆漿

原料 黃豆50克，黑芝麻10克，燕麥30克。

調料 白糖適量。

做法 1. 將黃豆洗淨，放入溫水中浸泡10～12
個小時，泡至發軟。

2. 將黑芝麻、燕麥和泡好的黃豆洗淨，
放入豆漿機杯體中，加水至上下水位
線間，接通電源，按鍵，打製豆漿至
豆漿機提示豆漿做好。

3. 依個人口味加入白糖即可飲用。

功效

黃豆＋黑芝麻＋燕麥

**增強免疫力，降血脂，調節血糖，
調節腸道，預防腫瘤。**

推薦食材 燕麥

燕麥又稱莜麥、野麥、雀麥、夏
燕麥和裸燕麥等，是一種低糖、高
營養、高能量的食品。

營養與保健

• 燕麥富含粗蛋白質、脂肪，還含
有澱粉及磷、鐵、鈣等元素。燕
麥中水溶性膳食纖維也很豐富，
分別是小麥和玉米的4.7倍和7.7
倍。燕麥中的維生素B群、尼克
酸、葉酸、泛酸都比較豐富，特
別是維生素E，每100克燕麥粉中
高達15毫克。此外，燕麥粉中還
含有穀類食糧中均缺少的皂糖苷
（人參的主要成分）。其所含蛋
白質的氨基酸組成比較全面，人
體必需的8種氨基酸含量均居首
位，尤其是含賴氨酸高達0.68克。

• 燕麥可益肝和胃，適用於肝胃
不和所致的食少、納差（食量減
少）、大便不暢等。

食用指南

• 食用燕麥沒有什麼禁忌，但吃燕
麥一次不宜太多，否則會造成胃
痙攣或腹脹。

• 燕麥雖然具有益肝和脾之功效，
但是由於吃得過多容易造成滑
腸、催產，所以孕婦應該忌食。

• 燕麥由於營養豐富，一般人都可
食用，特別是中老年人。燕麥粥是
產婦、嬰幼兒、慢性病患者以及空
勤、海勤工作人員的食補佳品。

核桃芝麻豆漿

原料 黃豆60克，核桃仁20克，黑芝麻10克。

調料 白糖適量。

做法 1. 將黃豆洗淨，放入溫水中浸泡10～12個小時，泡至發軟。

2. 將核桃仁與芝麻洗淨，與泡好的黃豆一併放入豆漿機杯體中，接通電源，按鍵，打至豆漿機提示豆漿做好。

3. 依個人口味加入白糖即可飲用。

功效 **黃豆 + 核桃 + 黑芝麻**
補血滋陰，美容養顏，增強人體免疫力。

推薦食材 **核桃**

營養與保健

・核桃含有蛋白質、鈣、鐵、磷、維生素C、碳水化合物、棉子糖等。

・核桃具有補氣養血、補腎固精、溫肺通便、健腦補腦的功效，對防治神經衰弱、高血壓、冠心病等有良好的食療效果。

食用指南

・去核桃皮的竅門

將核桃肉放在開水中浸泡4分鐘，取出後用手輕輕一捏，這樣能輕易地將皮整片去除。若在開水中放些鹽，效果更好。

杏仁豆漿

原料　黃豆70克，杏仁20克。

調料　白糖適量。

做法　1. 黃豆洗淨，放入溫水中浸泡10～12個小時，泡至發軟。

　　　2. 將泡好的黃豆與杏仁一起放入豆漿機杯體中，加水至上下水位線之間，接通電源，按鍵，待杏仁豆漿做好。

　　　3. 依個人口味加入白糖即可飲用。

功效　**黃豆**＋**杏仁**

增強人體抵抗力，預防流感。

推薦食材　**杏仁**

杏仁又名杏實，既能食用又可做成藥品，是治療呼吸系統疾病的良藥。

營養與保健

· 杏仁含豐富的蛋白質、脂肪、碳水化合物、鈣、磷、鐵等。

· 杏仁中的油含量比較高，其中的亞油酸對降血脂、防治動脈硬化、強化心血管系統、改善肝病均有積極作用，是一種比較好的乾果類保健食品。

食用指南

· 杏仁有微毒，勿過量，嬰兒慎用。腹瀉便溏、風寒咳嗽和痰濕咳嗽者忌食用甜杏仁。杏仁作為藥材，應在醫生的指導下服用。因苦杏仁苷的代謝產物會導致組織細胞窒息，嚴重者會抑制中樞神經系統，導致呼吸麻痹，甚至死亡。

· 甜杏仁炒吃、煮吃均香美。若想讓杏仁最大限度發揮抗氧化功效，可採取杏仁組合膳食的吃法——即將杏仁與可溶性膳食纖維（如燕麥）、植物蛋白（如大豆）、植物固醇如類固醇一起食用，其降膽固醇功效甚至能與普通降膽固醇藥物媲美。

花生豆漿

功效 滋潤皮膚，降血脂，延年益壽。

原料 黃豆100克，花生適量。

調料 白糖適量。

做法 1. 黃豆加水泡至發軟，撈出洗淨。花生去皮待用。

2. 將花生、黃豆放入全自動豆漿機中，再加水攪打成花生豆漿。

3. 將花生豆漿過濾，加入適量白糖調勻即成。

五豆紅棗豆漿

功效 ▶ 降脂，降糖，降壓，補虛益氣，健脾和胃。

原料 黃豆30克，黑豆、青豆、豌豆、花生米各10克，紅棗15克。

做法 1. 將黃豆、黑豆、青豆、豌豆及花生米分別浸泡6個小時，備用。將紅棗洗淨去核。

2. 將紅棗和浸泡好的豆類裝入豆漿機中，杯體內按規定加入清水，接通電源，按鍵，攪打成紅棗豆漿即可。

養顏豆漿

原料 黃豆40克，綠豆35克，榛子仁20克。

調料 冰糖40克。

做法 1. 黃豆、綠豆浸泡充分，洗淨待用。

　　 2. 將綠豆、黃豆及榛子放入全自動豆漿機中，注入適量水，啟動機器，十幾分鐘後豆漿做好。

　　 3. 將豆漿稍涼，調入冰糖攪勻即可。

功效 **黃豆 + 綠豆 + 榛子**
滋潤五臟，美容潤腸，補氣益血。

推薦食材　**冰糖**

　冰糖是砂糖的結晶再製品，由於其結晶如冰狀，故名冰糖。自然生成的冰糖有白色、微黃、淡灰等色。

營養與保健

· 冰糖味甘、性溫，入肺、脾經。中醫認為，冰糖具有潤肺、止咳、清痰和祛火的作用，也是泡製藥酒、燉煮補品的輔料。

· 老人含化冰糖，還可以緩解口乾舌燥。

黃金搭配

· 冰糖和菊花、枸杞、山楂、紅棗等配合是極好的調味料；冰糖品質純正，不易變質，可作糖果，還可用於高級食品甜味劑，配製藥品、浸漬酒類和滋補佐藥等。

百合蓮子豆漿

原料 百合、蓮子肉、銀耳各10克,綠豆40克。

調料 冰糖50克。

做法 1. 百合、蓮子分別用開水泡至發軟。綠豆浸泡6個小時。銀耳洗淨,用溫水浸泡至發軟,分成小朵。

2. 將綠豆、百合、蓮子、銀耳一起裝入豆漿機內,杯體內加入冰糖和適量清水,啟動機器,煮十幾分鐘至豆漿煮熟即成。

功效

百合+蓮子+銀耳+綠豆

清火滋陰,養心安神,補腦抗衰。

小叮嚀

· 病後虛弱者及油性皮膚者適宜食用百合。

· 風寒咳嗽、虛寒出血、脾胃不佳者不宜食用百合。

推薦食材 百合

百合又名強瞿、番韭、山丹、倒仙等。

營養與保健

· 百合含有碳水化合物、蛋白質、脂肪及鈣、磷、鐵、維生素B_1、維生素B_2、維生素C等營養素。

· 百合具有養陰潤肺、清心安神等功效,適用於心陰虧虛,見虛煩口渴、心悸怔忡、失眠多夢、神思恍惚;肺陰虧虛,見乾咳少痰、痰中帶血、潮熱盜汗等。

食用指南

· 挑選乾百合,一要選片面大而均勻、肉質肥厚的。片面過小過薄的百合可能是採摘過早的嫩片,燒煮時間長了易軟爛。二要看外表顏色,呈玉白色、表面乾淨無斑點的品質比較好;色白帶黃褐色、光澤灰暗的質差;如果有鏽斑點且片面夾焦,則品質更次等。

· 注意,顏色太白的乾百合可能是用硫黃薰製後加工乾製的,不宜選購。

· 百合鮮品可直接裝入塑膠袋中,封口後置陰涼處保存。冬季貯藏溫度不應低於0℃,隨用隨取。家庭保存要掌握「乾燥、通氣、避光」的原則。

· 乾百合要放在通風乾燥處保存。

二豆蜜漿

功效 ▸ **清熱利水，健脾潤肺，清熱解毒。**

原料　紅豆20克，綠豆80克。

調料　冰糖50克。

做法　1. 將紅豆、綠豆分別浸泡6個小時。

　　　2. 將泡好的紅豆、綠豆放入豆漿機中，杯體中加入清水，啟動機器，十幾分鐘後豆漿煮熟。

　　　3. 稍涼後調入冰糖即成。

消暑二豆飲

原料　黃豆45克，綠豆30克。

調料　白糖50克。

做法　1. 將黃豆、綠豆分別浸泡6個小時。

　　　2. 將泡好的豆類裝入豆漿機杯體中，加入清水至上下水位線之間，啟動機器，煮十幾分鐘至豆漿煮熟。

　　　3. 依個人口味加入白糖，調勻即成。

> **功效**　**黃豆＋綠豆**
> 消暑止咳，清熱降火。

小叮嚀

- 綠豆漿是夏季清熱解毒的極佳飲料。不過，由於綠豆質地較為堅硬，要選用具有打製綠豆漿功能的豆漿機。

益智豆漿

原料　黃豆60克，荔枝肉10克，黑芝麻5克。

做法　1. 將黃豆浸泡6個小時。

　　　2. 將泡好的黃豆與荔枝肉、黑芝麻一起裝入豆漿機杯體中，加入清水至上下水位線之間，接通電源，啟動機器，十幾分鐘後即做好益智豆漿。

> **功效**　**黃豆＋荔枝＋黑芝麻**
> 益智健腦。

小叮嚀

- 未經保存處理的荔枝有「一日色變，二日香變，三日味變，四日色香味盡去」的特點。為了保存荔枝的色香味，可以在荔枝上噴點水，裝在塑膠保鮮袋中放入冰箱，利用低溫高濕（2～4℃，濕度90～95%）保存。將袋中的空氣儘量擠出，可以降低氧氣比例，以減慢氧化速度，提高保鮮的效果。但是，當荔枝被放置於零度以下環境時，表皮容易變黑，果肉也會變味。

燕麥豆漿

原料 黃豆40克，燕麥35克。

做法 1. 將黃豆預先浸泡好。

2. 將燕麥和泡好的黃豆洗淨，混合放入豆漿機杯體中，加水至上下水位線間，接通電源，按鍵，十幾分鐘後即可做好燕麥豆漿。

功效 **黃豆** + **燕麥**

益肝和胃，可輔助治療動脈硬化。

小叮嚀

· 黃豆的營養豐富，添加含鈣豐富的燕麥，能更好地補充兒童發育所需的鈣、鐵等微量元素，非常適合學齡前兒童及青少年飲用。

「三加一」健康豆漿

原料 青豆40克，黃豆20克，綠豆15克。

調料 白糖適量。

做法 1. 將三種豆類分別浸泡6個小時。

2. 將泡好的豆子放入豆漿機杯體中，再按規定加入清水，啟動機器，十幾分鐘後即做好健康豆漿。

3. 依個人口味加入白糖，調勻即成。

功效 **青豆** + **黃豆** + **綠豆**

清熱解暑。

小叮嚀

· 不宜用鋁製品盛豆漿。因為豆漿中的酸性物質會使鋁大量溶出，進而使人體過多地攝入鋁元素。過量攝入鋁元素，會導致老年性癡呆、骨質疏鬆、機體免疫功能下降、非缺鐵性貧血症等。

小麥豆漿

功效 ▶ 消渴除熱，益氣寬中，養血安神。

原料 乾黃豆、乾小麥仁各40克。

做法 1. 將乾黃豆預先浸泡好。

2. 將乾小麥仁和泡好的黃豆洗淨，混合放入豆漿機杯體中，加水至上下水位線之間，接通電源，按鍵，十幾分鐘即做好小麥豆漿。

推薦食材　小麥

小麥又名白麥、麥子、浮小麥等。

營養與保健

- 小麥富含太白粉、蛋白質、脂肪、菸鹼酸、胡蘿蔔素及鈣、鐵等礦物質。
- 小麥具有養心除煩、健脾益腎、除熱止渴之功效，適用於煩躁、煩熱、消渴、泄痢、癰腫、外傷出血及燙傷等。

食用指南

- 小麥可直接煮粥，也可磨成粉後製成麵食食用。

黃米豆漿

原料 黃豆40克，黃米35克。

做法 1. 將乾黃豆預先浸泡好。

2. 將乾黃米和泡好的黃豆洗淨，混合放入豆漿機杯體中，加水至上下水位線之間，接通電源，按鍵，十幾分鐘即可做好黃米豆漿。

功效 **黃豆 + 黃米**
補肝腎，健脾胃，安眠。

> **小叮嚀**
>
> ・一般人群均可食用黃米，尤其適宜體弱多病、面生疔瘡、陽盛陰虛、夜不得眠、久瀉胃弱、凍瘡、疥瘡、毒熱、毒腫者食用。
> ・身體燥熱者禁食黃米。

推薦食材 **黃米**

　　黃米又稱黍、糜子、夏小米，有糯質和非糯質之別。糯質黍多做酒，非糯質黍，以食用為主。黃米原產中國北方，是古代黃河流域重要的糧食作物之一。黃米是去了殼的黍子的果實，比小米稍大，顏色淡黃，可用於煮粥、做糕、做米飯和釀酒。黃米、小米同出北方，但在北方人眼裡，黃米是要高於小米的。人們拿它當江米使，有些地方還拿它做糕待客。

營養與保健

・黃米富含蛋白質、碳水化合物、維生素B群、維生素E、鋅、銅、錳等營養元素。

・黃米可治陽盛陰虛，夜不得眠，久泄胃弱，療凍瘡、疥瘡、毒熱、毒腫等症，具有益陰、利肺、利大腸之功效。

小麥白米豆漿

原料 黃豆40克，乾小麥仁15克，乾白米25克。

做法 1. 將黃豆預先浸泡好。

2. 將乾小麥仁、乾白米和泡好的黃豆洗淨，混合放入豆漿機杯體中，加水至上下水位線之間，接通電源，按鍵，十幾分鐘即可做好香噴噴的小麥白米豆漿。

功效 ## 黃豆＋小麥＋白米
消渴除熱，益氣寬中，養血安神。

小叮嚀

· 有的人喜歡在豆漿中加入紅糖，這種做法是錯誤的，因為這樣會產生對人體有害的物質。

· 最好不要空腹喝豆漿，這樣的話其中的蛋白質不能被很好地吸收，應該事先吃些麵包等澱粉類的食物。

麥棗豆漿

原料 黃豆40克，麥片30克，大棗10顆。

做法 1. 將黃豆預先浸泡好。

2. 將麥片、大棗和泡好的黃豆洗淨，混合放入豆漿機杯體中，加水至上下水位間，接通電源，按鍵，十幾分鐘即可做好麥棗豆漿。

功效 ## 黃豆＋麥片＋大棗
滋陰潤肺，補腦強心，益氣補血。

小叮嚀

· 不宜用塑膠袋盛豆漿，特別是帶顏色的塑膠袋，因塑膠袋本身就含有大量毒素。另外，在加工過程中，再生塑膠袋還加入著色劑、增塑劑等添加劑。當遇油、高溫，這些有害物質極易融入食品，損害健康。

百合蓮子綠豆漿

功效 ▸ 健脾益氣，潤肺止咳，清心安神，益腎固精

原料　綠豆40克，百合25克，蓮子10顆。

做法　1. 將綠豆預先浸泡好，百合和蓮子用熱水浸泡至發軟。

　　　2. 將百合、蓮子和泡好的綠豆洗淨，混合放入豆漿機杯體中，加水至上下水位線之間，接通電源，按鍵，十幾分鐘即可做好百合蓮子綠豆漿。

小米豆漿

原料 黃豆40克,小米30克。

做法 1. 將乾黃豆預先浸泡好。

2. 將乾小米和泡好的黃豆洗淨,混合放入豆漿機杯體中,加水至上下水位線之間,接通電源,按鍵,十幾分鐘即可做好小米豆漿。

功效 **黃豆 + 小米**
健脾和胃,補虛。

推薦食材 **小米**

小米又稱粟米、粟穀,是粟經脫殼製成的糧食,因其粒小,故名。

營養與保健

· 小米含有蛋白質、脂肪、糖類、胡蘿蔔素、維生素B_1、維生素B_2、菸鹼酸、鈣、磷、鐵、鎂、銅、錳、鋅、硒、碘以及類雌激素物質。

· 小米味甘鹹、性涼,具有健脾和胃、補益虛損、和中益腎、除熱、解毒之功效,可用於脾胃虛熱、反胃嘔吐、消渴、泄瀉等症的食療。

食用指南

· 小米粥不宜太稀薄。淘米時不要用手搓,忌長時間浸泡或用熱水淘米。

· 小米中的賴氨酸過低而亮氨酸過高,所以產後不能完全以小米為主食,應注意搭配,以免缺乏其他營養。

玉米小米豆漿

原料　黃豆40克，乾玉米、乾小米各15克。

做法　1. 將黃豆預先浸泡好。

　　　2. 將乾玉米、乾小米和泡好的黃豆洗淨，混合放入杯中，加水至上下水位間，接通電源，按鍵，十幾分鐘即可做好玉米小米豆漿。

 **功效** **黃豆＋玉米＋小米**

健脾和胃，利水通淋。

小叮嚀

‧壓榨出豆漿後，剩下來的豆渣不要丟棄，其中含有豐富的纖維質與其他養分，可以加點創意製成小點心、蛋糕、煎餅等，對健康有益。

芝麻糯米黑豆漿

功效 ▸ **滋養肝腎，補肺氣。**

原料 黑豆25克，糯米25克，黑芝麻10克。

調料 冰糖。

做法 1. 黑豆洗淨，用清水浸泡6小時至漲透。

2. 糯米和黑芝麻分別洗淨，瀝乾水分。

3. 將糯米、黑芝麻和黑豆混合放入豆漿機杯體中，加清水至上下水位線之間。然後按正確方法裝入機頭，接通電源，按鍵，大約20分鐘後，芝麻糯米黑豆漿做好。

4. 豆漿倒入杯中，加入冰糖調勻即可飲用。

小叮嚀

· 黑豆應先洗淨，才可用水泡漲。

· 有黴味、油耗味等不良氣味，咀嚼時有苦味、腐敗味及其它不良滋味的黑芝麻忌選用。

榛仁豆漿

功效 ▸ **提高記憶力，改善視神經，消除疲勞。**

原料 黃豆60克，榛子仁25克。

調料 白糖10克。

做法 1. 黃豆洗淨，用清水浸泡6小時至漲透。

2. 將泡好的黃豆和榛子仁放入全自動家用豆漿機杯體中，加清水至上下水位線之間。

3. 機頭按正確位置放入杯體中，插上電源，按下啟動鍵，經過反覆的打漿、加熱和熬煮，十幾分鐘後豆漿做好。

4. 用濾網過濾豆漿，加入白糖調味，即可飲用。

小叮嚀

· 存放時間較長的榛子仁不宜食用。

· 榛子含有豐富的油脂，每次食用以20粒為宜。膽功能嚴重不良者應慎食。

三豆豆漿

功效 ▶ 緩解因壓力導致的體虛乏力。

原料 黑豆20克,紅豆20克,綠豆20克。

做法 1. 黑豆和綠豆分別洗淨,用清水泡6小時。紅豆挑去雜質,用清水泡8個小時至漲透。

2. 將原料混合倒入杯體中,加入適量清水到上下水位線之間。

3. 將機頭按正確位置放入杯體中,插上電源,按下啟動鍵,經過反覆的打漿、加熱和熬煮,十幾分鐘後三豆豆漿即做好。

4. 用豆漿濾網過濾豆漿,倒入杯中即可飲用。

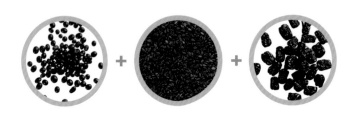

黑棗豆漿

功效 ▶ 烏髮潤膚。

原料 黑豆50克,黑芝麻15克,黑棗15克。

做法 1. 黑豆洗淨,用清水浸泡6小時至漲透。

2. 黑棗去核洗淨,黑芝麻洗淨。

3. 將泡好洗淨的原料一起裝入豆漿機杯體內,加入適量清水至上下水位線之間。

4. 機頭按正確位置放入杯體中,插上電源,按下啟動鍵,經過反覆的打漿、加熱和熬煮,十幾分鐘後豆漿即好。

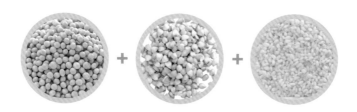

蕎麥白米豆漿

功效 ▶ **降壓，降脂，降糖，解毒化淤。**

原料 黃豆30克，蕎麥10克，白米10克。

做法 1. 黃豆洗淨，用清水浸泡6小時至漲透。

2. 蕎麥、白米用清水洗兩遍，去淨灰塵和糠皮。

3. 將處理好的原料混合放入豆漿機杯體中，加清水至上下水位線之間。

4. 機頭按正確位置放入杯體中，插上電源，按下啟動鍵，經過反覆的打漿、加熱和熬煮，十幾分鐘後蕎麥白米米豆漿即做好。

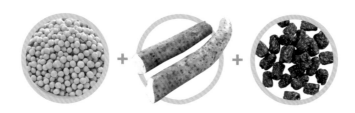

蜜棗山藥豆漿

功效 ▶ **補中益氣，補脾益腎，養血安神。**

原料 黃豆50克，山藥50克，蜜棗25克。

做法 1. 黃豆洗淨，清水泡6小時至漲透。

2. 山藥洗淨去皮，切成小丁。蜜棗洗淨，去核。

3. 將黃豆、山藥和蜜棗一起放入豆漿機杯體中，加清水至上下水位線之間。

4. 將機頭按正確位置放入杯體中，插上電源，按下啟動鍵，經過反覆的打漿、加熱和熬煮，十幾分鐘後豆漿做好，過濾後即可飲用。

南瓜山藥豆漿

原料 南瓜60克，山藥50克，黃豆30克，燕麥片15克。

調料 冰糖適量。

做法
1. 將黃豆浸泡10個小時；南瓜和山藥分別去皮切丁，山藥用開水汆燙，撈出瀝乾。
2. 將南瓜丁、燕麥片、黃豆、山藥丁放入豆漿機中，杯體內加入適量清水，啟動機器，十幾分鐘後，豆漿煮熟即成。
3. 依個人口味加入冰糖即可飲用。

功效 **黃豆+山藥+ 南瓜+ 燕麥**
潤腸，滋養脾胃，改善便秘。

推薦食材 **山藥**

山藥又稱薯蕷、懷山藥、淮山藥、土薯、山薯、山芋等。

營養與保健

- 山藥富含多種必需氨基酸、蛋白質、碳水化合物、黏液質、膽鹼、纖維素、脂肪、胡蘿蔔素、維生素B_2、維生素C及鈣、磷、鐵、碘等營養素。

- 山藥味甘性平，具有健脾補肺、固腎益精、聰耳明目、助五臟、強筋骨、長志安神、延年益壽的功效，主治脾胃虛弱、倦怠無力、食欲不振、痰喘咳嗽、腎氣虧耗、腰膝酸軟、消渴尿頻、遺精早洩、帶下白濁等病症。山藥鮮品多用於虛勞咳嗽及糖尿病，炒熟後食用治脾胃、腎氣虧虛。

黃金搭配

- 山藥適宜與蜂蜜、蓮子搭配，能健脾補腎、抗衰益壽。
- 山藥適宜與黃耆搭配，具有益氣補腎的功效。
- 山藥適宜與杏仁搭配，具有補肺益腎的功效。
- 山藥適宜與芝麻搭配，可以補鈣。

小叮嚀

- 新鮮山藥切開時會有黏液，極易滑刀傷手，可以先用清水加少許醋清洗，然後再切。
- 應挑選外皮無傷、斷面雪白、黏液多而水分少的山藥。

胡蘿蔔豆漿

功效 ▶ 提高機體免疫力，增強機體的免疫功能。

原料 黃豆60克，胡蘿蔔1/3根。

調料 白糖適量。

做法 1. 黃豆浸泡10個小時，洗淨備用。胡蘿蔔洗淨切塊。

2. 將胡蘿蔔和泡好的黃豆洗淨，混合放入豆漿機杯體中，加水至上下水位線之間，接通電源，按鍵，10幾分鐘後即做好胡蘿蔔豆漿。

3. 依個人口味加入白糖即可飲用。

推薦食材 胡蘿蔔

胡蘿蔔又稱紅蘿蔔、甘荀、甘筍等。

營養與保健

- 胡蘿蔔含有豐富的類胡蘿蔔素、蛋白質、脂肪、碳水化合物、維生素B群、維生素C等。
- 胡蘿蔔味甘性平，具有健脾化滯、潤燥明目、降壓強心、增進食慾、抗癌等功效，能夠維護眼睛和皮膚健康，提高機體免疫力，對消化不良、夜盲症、痢疾、高血壓、糖尿病等均有一定的食療作用。

蘆筍豆漿

原料 黃豆60克，蘆筍30克。

調料 白糖適量。

做法 1. 將黃豆浸泡10個小時，洗淨備用。

2. 將蘆筍洗淨切成小段，放入開水中汆燙，撈出瀝乾。

3. 將蘆筍和泡好的黃豆一起放入豆漿機杯體中，加水至上下水位線之間，煮至豆漿機提示豆漿做好。

4. 依個人口味加入白糖即可飲用。

功效 ### 黃豆 + 蘆筍
消渴生津，解熱祛暑，保護心腎。

[小叮嚀

·蘆筍不可過量食用，因為蘆筍在體內易產生揮發性氣體，過量食用會導致脹氣和排氣過多。

推薦食材　蘆筍

蘆筍又名石子柏、露筍、蘆尖等。

營養與保健

· 蘆筍含有蛋白質、碳水化合物、多種維生素和氨基酸以及硒、鉬、鎂、錳等微量元素、非蛋白質含氮物質。

· 蘆筍味甘性寒，具有健脾益氣、滋陰潤燥、生津解渴的功效，對各種癌症有預防和治療作用。

食用指南

· 蘆筍最宜鮮吃，但不宜生吃，也不宜久存，而且應低溫避光保存。

· 蘆筍中的葉酸容易被破壞，若用其補充葉酸應避免高溫烹煮。最好是用微波爐小功率加熱至熟。

黃金搭配

· 蘆筍適宜與銀杏搭配，具有強身健體、潤肺定喘的功效。

· 蘆筍適宜與黃花菜（即金針花）搭配，能養血、止血、除煩。

· 蘆筍適宜與百合搭配，具有清熱除煩、安神的功效。

· 蘆筍適宜與冬瓜搭配，能降脂降壓、清熱解毒。

· 蘆筍適宜與鰻魚搭配，具有養陰潤肺、祛濕化痰的功效。

保健袪病豆漿

桂圓枸杞護心豆漿

功效 ▶ 強心，預防心臟病。

原料 黃豆60克，桂圓肉20克，枸杞10克。

調料 白糖適量。

做法 1. 將黃豆浸泡10個小時，洗淨待用。桂圓肉、枸杞用水洗淨。

2. 上述原料一起倒入豆漿機，加水至合適位置，煮至豆漿機提示豆漿做好。

3. 依個人口味加入白糖即可飲用。

養生叮嚀 **如何養心護心**

心臟起著主宰生命活動的作用。心臟是生命之泵，推動血液周流全身。每個人都希望自己擁有一顆健康的心臟，然而許多人並沒有認識心臟對健康的重要性，也不懂得如何愛護自己的心臟。養成良好的生活習慣對養心護心大有裨益，建議遵守如下26字法則：

少脂肪：應少吃煎炸食物及含高膽固醇的食物，如蝦、肝等。提倡每週至少吃2次魚，可防治冠心病。每日攝鹽量限於6克以下，堅持每天進食一定數量的瓜果及鮮蔬。

不吸煙：香菸毒害心血管內皮細胞，損害內皮系統功能，可致心肌肥大、變厚，殃及正常的舒縮運動。

多運動：每天最好堅持不短於30分鐘的活動，可一次性完成或分3次進行，每次10分鐘，可進行跳繩、騎車、步行等。

調血脂：應注意提升高密度脂蛋白膽固醇（HDL）水準，降低導致動脈粥樣硬化的三酸甘油酯及低密度脂蛋白膽固醇水準。

放輕鬆：慢性憂鬱或持續的緊張，可刺激交感神經興奮，易致心跳快速、血壓上升，血流減少而加劇心肌缺血少氧，因此隨時要保持樂觀的心態。

睡眠好：良好充裕的睡眠，可使呼吸及心跳趨緩，使心肌對血氧需求減少，是心臟的一種自我保護措施。

適當多食堅果果仁：食用杏仁等富含鎂的果仁，可預防心律紊亂，達到養護心肌的目的。

乾果養心豆漿

功效 ▶ 預防心血管疾病。

原料 黃豆60克，榛子仁、開心果、松子仁各20克。

調料 白糖適量。

做法 1. 將黃豆浸泡10個小時，洗淨待用；榛子仁、開心果、松子仁均碾碎待用。

2. 上述原料一起倒入豆漿機，加水至合適位置，煮至豆漿機提示豆漿做好。

3. 依個人口味加入適量白糖即可飲用。

紅豆百合護心豆漿

功效 ▶ 強化心臟功能。

原料 黃豆60克，紅豆30克，鮮百合20克。

調料 白糖適量。

做法 1. 將黃豆浸泡10個小時，洗淨待用。紅豆浸泡6個小時；百合用清水洗淨，分瓣。

2. 上述原料一起倒入豆漿機中，加水至合適位置，煮至豆漿機提示豆漿做好。

3. 依個人口味加入適量白糖即可飲用。

高粱紅棗健脾胃豆漿

原料 黃豆60克，高粱、紅棗各20克。

調料 白糖適量。

做法
1. 將黃豆浸泡10個小時，洗淨待用。紅棗洗淨，去核，切碎。高粱淘洗乾淨，用清水浸泡2小時。
2. 將上述原料一起倒入豆漿機中，加水至合適位置，煮至豆漿機提示豆漿做好，涼至溫熱。
3. 依個人口味加入適量白糖即可飲用。

功效 黃豆 + 高粱 + 紅棗

和胃，健脾，止瀉。

養生叮嚀 ## 如何健脾養胃

　　胃是食物的貯運場和加工廠，是食物消化的主要器官。胃是消化道最膨大的部分，上連食道，下續十二指腸。其大小和形態因胃充滿程度、體位以及體型等因素的不同而不同。成年人的胃在中等充滿程度時，平均長度（胃底至胃大彎下端）為25～30公分，胃容量約1500毫升。

　　俗話說，胃病是「三分治，七分養」，不宜單純依靠治療，只有同時進行科學的飲食調理，才能使胃病逐漸得以康復。具體來講，首先要堅持正確的飲食原則，選擇容易消化的食物，注重營養均衡，避免調味過重，減少粗纖維、脂肪的攝入，避免刺激性飲料，少吃過酸的食物；其次，要培養良好的飲食習慣——三餐定時定量，用餐時細嚼慢咽，並注意保持心情愉快。

堅持正確的飲食原則

- **選擇容易消化的食物**：魚類、肉類、蛋類、豆類、奶類、蔬菜、水果等都是不錯的選擇。
- **注重營養均衡**：六大營養素都要充足，但也要避免過量。
- **避免調味過重**：養胃飲食要以清淡為原則。
- **減少攝取脂肪。**
- **避免飲用刺激性飲料。**
- **少吃過酸的食物。**

冰糖白果止咳豆漿

功效 ▸ 止咳平喘，補肺益腎。

原料 黃豆80克，白果20克。

調料 冰糖20克。

做法
1. 將黃豆浸泡10小時，洗淨待用。白果去外殼待用。
2. 將浸泡好的黃豆和白果一起倒入豆漿機中，加水至合適位置，煮至豆漿機提示豆漿做好，加冰糖攪拌至化開即可飲用。

養生叮嚀 **如何養肺潤肺**

生命的三大元素是陽光、空氣和水，說明空氣對生命是至關重要的。《黃帝內經》說「人以天地之氣生」，可見氣對生命的重要性。肺和氣的關係最大，所謂「肺主一身之氣」。肺的健康與人的壽命的長短有著極為密切的關係。

科學合理的飲食能增強肺的功能，提高呼吸系統的抵抗力，不但能預防環境污染造成的呼吸系統疾病，而且對於各種肺病還有一定的預防和治療作用。

飲食不當會導致呼吸不暢。如夏季高溫時節，由於天氣炎熱，人們往往喜歡進食涼性水果、飲料等，這很容易造成咽喉與食道部位寒熱互結、瘙癢不止，導致咳嗽、炎症，進而發展形成急性支氣管炎。又如在天氣寒冷的冬天，人們往往喜歡吃一些口味厚重的食物，這樣的飲食，恰恰是誘發哮喘的重要因素。此外，飲食不當還容易造成兒童久咳不止。所以在日常生活中應注意科學飲食。

推薦食材 **白果**

白果又名銀杏。

營養與保健

· 白果含有粗蛋白、粗脂肪、還原糖、核蛋白、粗纖維及多種維生素、礦物質等成分。

· 白果味甘澀苦，性平，入肺、腎經，可斂肺氣、定喘嗽、止帶濁、縮小便，適用於哮喘、痰嗽、白帶、白濁、遺精、淋病、小便頻數等。

黑豆水梨潤肺豆漿

功效 ▶ 潤肺，祛痰止咳。

原料 黑豆50克，水梨1個。

調料 冰糖10克。

做法 1. 將黑豆浸泡10個小時，洗淨待
用。水梨洗淨，去核，切碎。

2. 將黑豆、水梨一起倒入豆漿機，
加水至合適位置，煮至豆漿機提
示豆漿做好，涼至溫熱。

3. 加冰糖調味即可飲用。

推薦食材 　**梨**

梨又名梨子、玉乳、快果等。

營養與保健

- 梨含有蛋白質、脂肪、維生素B$_1$、維生素B$_2$、維生素C、鈣、磷、鐵、胡蘿蔔素、葡萄糖、果糖、蔗糖、有機酸等。

- 梨味甘酸、性涼，具有解毒利尿、止渴祛痰、清心潤肺等功效。外敷梨子汁有滋潤和減淡皺紋的作用，使皮膚更有彈性。

食用指南

- 把選好的梨洗淨，放入陶製容器或瓷壇內，然後用涼水調配1%的淡鹽水溶液，倒入盛梨的容器內，最後用薄膜將容器口密封，放在陰涼處，可以保存1～2個月。

雙豆蓮子清肺豆漿

原料 黃豆40克，綠豆20克，百合、蓮子各10克。

調料 白糖適量。

做法 1. 將黃豆浸泡10個小時，洗淨待用。綠豆用清水浸泡6個小時。百合洗淨，泡發，切碎。蓮子洗淨，泡軟。

2. 上述原料一起倒入豆漿機，加水至合適位置，煮至豆漿機提示豆漿做好。

3. 依個人口味加入白糖調味即可飲用。

功效 **黃豆＋綠豆＋百合＋蓮子**
潤肺，祛痰止咳。

小叮嚀

- 由於此款豆漿為便秘患者而備，故蓮子心應保留。蓮子心具苦寒之性，可治療便秘。若非便秘患者，又不喜歡豆漿帶有苦味，可以去掉蓮子心。

大麥紅棗抗過敏豆漿

原料 黃豆60克，大麥15克，紅棗20克。

調料 冰糖10克。

做法 1. 將黃豆浸泡10個小時，洗淨待用。紅棗洗淨，去核，切碎。大麥淘洗乾淨，用清水浸泡2個小時。

2. 上述原料一起倒入豆漿機，加水至合適位置，煮至豆漿機提示豆漿做好。

3. 過濾後加冰糖攪拌至化開即可。

功效 **黃豆＋大麥＋紅棗**
阻止過敏反應的發生，抑制哮喘。

小叮嚀

- 大麥芽不可久食，尤其是懷孕期間和哺乳期間的婦女忌食，否則會減少乳汁分泌。婦女想斷奶可用大麥芽煮湯服之，此湯亦催生落胎。但須注意用量過小或萌芽過短者，均影響療效。未長出芽之大麥，服後不但無回乳功效，反而可增加乳汁。

綠豆紅棗養肝豆漿

原料 黃豆50克，綠豆20克，紅棗5顆，枸杞10克。

調料 白糖適量。

做法 1. 將黃豆浸泡10個小時，洗淨待用。綠豆用清水浸泡6個小時。紅棗洗淨，去核。枸杞洗淨，泡軟。

2. 將上述原料倒入豆漿機中，加水至合適位置，煮至豆漿做好。

3. 依個人口味加入白糖調味即可飲用。

功效 **黃豆+綠豆+紅棗+枸杞**
增強肝臟解毒能力，滋補肝腎。

小叮嚀

· 此款豆漿尤其適合男性飲用。可緩解腰膝冷痛、脾胃虛弱、體虛無力、心悸氣短等症狀。

養生叮嚀 **如何養肝護肝**

肝就像一個中央銀行，負責管理身體三大貨幣（氣、血、水）流通。情緒、睡眠、飲食甚至藥物等，均會影響肝的疏泄功能。如果肝臟長期超負荷工作，太多的身體毒素無法及時排解出去，反映到人的皮膚上就是臉色灰暗、色素沉澱。

肝病患者的養生保健

· **情緒要平穩**：情緒起伏過大容易影響到肝，肝病患者遇事要調整好自己的心態，及時化解不良情感的影響。

· **按時作息，防止感染**：要養成早睡早起有規律的生活習慣，不能熬夜。睡眠要足夠，晚上11點至淩晨3點，血液流經肝、膽，此時應讓身體得到完全的休息，否則肝的修復功能受到影響，體力無法恢復。

· **飲食合理**：肝病患者飲食要注意以下幾點：①定時進餐；②飲食定量，每餐不宜過飽；③少食油膩不易消化食物；④多食新鮮水果、綠葉蔬菜、含維生素較多的食物及富含蛋白質的食物，主要有魚蝦、蛋類、奶類、瘦肉、豆製品等；⑤忌酒，因95%酒精在肝臟代謝，飲酒會加重肝臟損害。

· **適當鍛煉，增強體質**：堅持運動能使自身免疫力逐步增強，對機體和肝髒起到保護作用。

銀耳山楂保肝豆漿

功效 ▶ 轉化膽固醇，促進肝臟蛋白質合成。

原料 黃豆6克，山楂20克，銀耳10克。

調料 冰糖10克。

做法 1. 將黃豆浸泡10個小時，洗淨待用。將銀耳用清水泡發，挑洗乾淨，撕成小朵。山楂洗淨，去核，切碎。

2. 上述原料一起倒入豆漿機，加水至合適位置，煮至豆漿機提示豆漿做好。

3. 過濾後加冰糖攪拌至化開即可。

燕麥蘋果宜肝豆漿

原料 黃豆60克，蘋果1個，燕麥30克。

做法 1. 將黃豆浸泡10個小時，洗淨待用；蘋果洗淨，去蒂、去核，切塊；燕麥淘洗乾淨，用清水浸泡2個小時。

2. 將上述原料一起倒入豆漿機中，加水至合適位置，煮至豆漿機提示豆漿做好即可。

功效 **黃豆 ＋ 蘋果 ＋ 燕麥**
降低血液中膽固醇濃度，輔助治療脂肪肝。

小叮嚀

· 長期攝入大豆低聚糖，能減少體內有毒代謝物質的產生，減輕肝臟解毒的負擔，所以堅持飲用豆漿在防治肝炎和預防肝硬化方面也有一定的作用。

黑米青豆護肝豆漿

原料 黃豆60克，黑米30克，青豆20克。

調料 白糖適量。

做法 1. 將黃豆、青豆浸泡10個小時，洗淨待用。黑米淘洗乾淨，用清水浸泡2個小時。

2. 上述原料一起倒入豆漿機，加水至合適位置，煮至豆漿機提示豆漿做好。

3. 依個人口味加入白糖調味即可飲用。

功效 **黃豆 + 黑米 + 青豆**

養肝明目，補益脾胃。

小叮嚀

· 黑米適宜產後血虛者、病後體虛者、貧血者、腎虛者以及年少鬚髮早白者食用。

· 脾胃虛弱的小兒或老年人不宜食用黑米。

營養與保健

· 黑米中含有粗蛋白質、粗脂肪、碳水化合物以及錳、鋅、銅等無機鹽，還含有白米所缺乏的維生素C、葉綠素、花青素、胡蘿蔔素及強心糖苷等特殊成分。

· 黑米具有滋陰補腎，健脾暖肝，補益脾胃，益氣活血，養肝明目等療效。常食黑米有利於防治頭昏、目眩、貧血、白髮、眼疾、腰膝酸軟等症。

食用指南

· 如何挑選正宗的黑米： 一看，正宗黑米只是表面米皮為黑色，剝去米皮，米心是白色，米粒顏色有深有淺，而染色黑米顏色基本一致。 二聞，正宗黑米用溫水泡後有天然米香，染色黑米無米香、有異味。 三摸，正宗黑米是糙米，米上有米溝。 四搓，正宗黑米不掉色，水洗時才掉色，而染色黑米一般手搓會掉色。

· 黑米的米粒外部有一堅韌的種皮包裹，不易煮爛，故黑米應先浸泡一夜再煮。

· 黑米粥若不煮爛，不僅大多數招牌營養素不能溶出，而且多食後易引起急性腸胃炎，對消化功能較弱的孩子和老弱病者更是如此。因此，消化不良的人不要吃未煮爛的黑米。

· 病後消化能力弱的人不宜急於吃黑米，可先吃些紫米調養。

黑豆補腎豆漿

功效 滋陰補腎，改善腎虛引起的腰酸腿軟等症狀。

原料 黃豆60克，黑米、黑豆各30克

調料 冰糖10克。

做法 1. 將黃豆、黑豆分別浸泡10個小時，洗淨待用。黑米淘洗乾淨，用清水浸泡2個小時。

2. 將上述原料一起倒入豆漿機中，加水至合適位置，煮至豆漿機提示豆漿做好。

3. 涼至溫熱，加入冰糖攪拌均勻即可飲用。

養生叮嚀　如何強腎補腎

　　腎為「先天之本」、「生命之源」。其生理功能是藏精、主水、主納氣、主骨、生髓，與人的骨骼血液、皮膚乃至牙齒、耳朵都有莫大的關係。腎虛之人通過膳食調養，其效果較好。冬天一般可以選用核桃、枸杞、羊肉、黑芝麻、龍眼肉等溫性食物。腎虛有陰虛、陽虛之分，進補時對症用膳，方可取得顯著效果。腎陽虛可選服羊肉粥、鹿腎粥、韭菜粥等溫腎壯陽之物；腎陰虛宜選服海參粥、地黃粥、枸杞粥等滋補腎精之品。

　　注重鍛煉，適當運動，持之以恆，定能達到健腎強體之目的。注意，鍛煉時運動量要適當，散步、慢跑、做健身操、打太極拳等都是很好的鍛煉方式。

黑芝麻黑米強腎豆漿

功效 補腎強體。

原料 黑豆50克，黑米20克，花生仁、黑芝麻各10克。

調料 白糖適量。

做法 1. 將黑豆浸泡10個小時，洗淨待用。黑米淘洗乾淨，用清水浸泡2個小時。花生仁洗淨。黑芝麻洗淨，碾碎。

2. 上述原料一起倒入豆漿機中，加水至合適位置，煮至豆漿機提示豆漿做好。

3. 依個人口味，加入白糖後即可飲用。

花生紅棗補血豆漿

原料 黃豆80克，花生仁20克，紅棗6顆。

調料 冰糖10克。

做法 1. 黃豆浸泡10小時，洗淨待用。將花生仁洗淨。紅棗洗淨，去核，切碎。

2. 上述原料一起倒入豆漿機，加水至合適位置，煮至豆漿機提示豆漿做好。

3. 豆漿過濾後加冰糖攪拌至化開即可。

功效 **黃豆＋花生仁＋紅棗**
補虛，養血，補血。

小叮嚀

‧ 豆漿是女性的寶物，目前已經有人利用豆漿製成美容保養品，包括肥皂、化妝水、乳液、面膜、洗面乳等。據說使用後可使肌膚有彈性，而且肌理清秀、皮膚濕潤光滑，容易上妝，甚至可以消除過於濃密的體毛，好處多多。

養生叮嚀 **如何養血補血**

人體每天都要補充一定量新的紅細胞代替衰老的紅細胞，任何與紅細胞生成有關的營養素缺乏，都可能引起貧血。其中，缺鐵是引起貧血最常見的原因。造成貧血的原因有很多，主要的原因還是在於飲食不當。因此，科學合理的飲食是預防營養性貧血最好的措施，要適當攝取肝臟、蛋黃、穀類等富含鐵質的食物。其次，要均衡膳食，多吃各種新鮮的蔬菜，以及黑木耳、紫菜等。

玫瑰花黑豆活血豆漿

原料 黃豆60克，黑豆30克，玫瑰花5克。

調料 白糖適量。

做法 1. 黃豆、黑豆浸泡10小時，洗淨待用。玫瑰花洗淨，用水泡開，切碎待用。

2. 上述原料一起倒入豆漿機，加水至合適位置，煮至豆漿機提示豆漿做好。

3. 依個人口味加入白糖即可飲用。

山楂白米化淤豆漿

功效 活血化淤，尤其適合血淤型痛經者飲用。

原料 黃豆80克，山楂30克，白米20克。

調料 白糖適量。

做法　1. 將黃豆浸泡10個小時，洗淨待用。白米淘洗乾淨。山楂洗淨，去蒂，去核，切碎。

　　　　2. 上述原料一起倒入豆漿機中，加水至合適位置，煮至豆漿機提示豆漿做好。

　　　　3. 依個人口味加入白糖即可飲用。

推薦食材 ## 山楂

山楂又名紅果、山裡紅。

營養與保健

· 山楂含糖類、蛋白質、脂肪、維生素C、胡蘿蔔素、蘋果酸、枸櫞酸、鈣和鐵等。

· 山楂味酸甘、性微溫，可開胃消食、降壓降脂、化滯消積、活血散淤、化痰行氣，適用於肉食滯積、腹脹痞滿（痞滿：指阻塞）、淤阻腹痛、痰飲（體內津液代謝障礙）、泄瀉、腸風下血（便血）等。

食用指南

· 山楂可生食或做點心餡料、糖葫蘆等。

· 山楂以果形整齊端正，無畸形，果實個大且均勻，果皮新鮮紅豔、有光澤、無皺縮，沒有乾疤蟲眼或外傷，並具有清新的酸甜滋味的為優質品。

· 山楂應洗淨後裝入保鮮袋中，把裡面的空氣擠出去，再放到冰箱的冷凍室裡保存。

紅棗糯米補氣豆漿

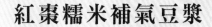 **功效** ▶ 補血補氣，改善氣虛。

原料 黃豆80克，紅棗15克，糯米
20克。

調料 白糖適量。

做法 1. 將黃豆浸泡10個小時，洗
淨待用。糯米淘洗乾淨，
用清水浸泡2個小時。紅棗
洗淨，去核，切碎。

2. 上述原料一起倒入豆漿
機，加水至合適位置，煮
至豆漿機提示豆漿做好。

3. 依個人口味加入白糖即可
飲用。

紅豆紫米補氣豆漿

原料 黃豆60克，紅豆30克，紫米20克。

調料 冰糖適量。

做法
1. 黃豆浸泡10小時，洗淨待用。紅豆淘洗乾淨，用清水浸泡6個小時。紫米淘洗乾淨，用清水浸泡2個小時。
2. 上述原料一起倒入豆漿機，加水至合適位置，煮至豆漿機提示豆漿做好。
3. 涼至溫熱，加冰糖調味即可飲用。

功效 黃豆＋紅豆＋紫米
大補元氣。

推薦食材　紫米

營養與保健

- 紫米是稻米中的珍品，是近年國際流行的「健康食品」之一。與普通稻米相比，紫米不僅蛋白質的含量相當高，必需氨基酸齊全，還含有大量的核黃素、硫安素、葉酸、維生素B₁、維生素B₂等多種維生素，以及鐵、硒、鋅、鈣、磷等人體所需微量元素。此外，紫米中的膳食纖維含量也十分豐富。

- 紫米有補腎、健脾暖肝、明目活血、收宮滋陰等作用。紫米中的膳食纖維能夠降低血液中膽固醇的含量，有助預防冠狀動脈硬化引起的心臟病。

食用指南

- 紫米富含純天然營養色素和色氨酸，下水清洗或浸泡會出現掉色現象，導致營養流失，因此不宜用力搓洗，浸泡後的水宜同紫米一起蒸煮食用，不要倒掉。

- 紫米應挑選米粒細長、顆粒飽滿均勻者。正宗紫米外觀色澤應呈紫色，用指甲刮除米粒上的表皮後米粒仍然呈紫色。

薏仁紅綠豆祛濕豆漿

功效 利濕，清熱解毒。

原料 綠豆40克，紅豆、薏仁各30克。

調料 白糖適量。

做法 1. 將綠豆、紅豆分別浸泡6個小時，洗淨待用。薏仁淘洗乾淨，用清水浸泡2個小時。

2. 上述原料一起倒入豆漿機，加水至合適位置，煮至豆漿機提示豆漿做好。

3. 依個人口味加入白糖即可飲用。

養生叮嚀　如何診斷體內濕氣

有句古話叫：「千寒易除，一濕難去。濕性黏濁，如油入面。」濕與寒在一起叫寒濕，與熱在一起叫濕熱，與風在一起叫風濕，與暑在一起就是暑濕。濕邪不去，吃再多的補品、藥品都如同隔靴搔癢，隔山打牛。生活中很多人患上了脂肪肝、哮喘、高血壓、心腦血管等疾病，甚至惡性腫瘤，其實這些病都跟濕邪、痰濕有關。

自我診斷體內是否有濕的方法

洗漱時看舌苔，「舌為心之苗，又為脾之外候」，舌頭是可以敏感地反映出我們身體狀況的。健康的舌淡紅而潤澤，舌面有一層舌苔，薄白而清靜，乾濕適中，不滑不燥。如果舌頭達不到這些指標，那說明身體機能已經出現問題了。如果舌苔白厚，看起來滑而濕潤，則說明體內有寒；如果舌苔粗糙或很厚、黃膩，則說明體內有濕熱；如果舌質赤紅無苔，則說明體內已經熱到一定的程度傷陰了。

山藥薏仁祛濕豆漿

原料　黃豆60克，薏仁30克，山藥20克。

調料　白糖適量。

做法　1. 將黃豆浸泡10個小時，洗淨待
　　　　　用。薏仁淘洗乾淨，浸泡2個小
　　　　　時。山藥去皮，洗淨，切碎。

　　　　2. 上述原料一起倒入豆漿機，加水
　　　　　至合適位置，煮至豆漿機提示豆
　　　　　漿做好。

　　　　3. 依個人口味加入白糖即可飲用。

功效　黃豆＋薏仁＋山藥
健脾祛濕。

120

芝麻冰糖烏髮豆漿

功效 ▸ 改善脫髮、鬚髮早白。

原料 黃豆80克，黑芝麻30克。

調料 冰糖適量。

做法 1. 將黃豆浸泡10個小時，洗淨待用。黑芝麻沖洗乾淨，碾碎。

2. 將黑芝麻和浸泡好的黃豆一起倒入豆漿機中，加水至合適位置，煮至豆漿機提示豆漿做好。

3. 涼至溫熱，調入冰糖即可飲用。

花生芝麻烏髮黑豆漿

功效 ▸ 改善脫髮、非遺傳性白髮。

原料 黑豆80克，黑芝麻、花生仁各20克。

調料 白糖適量。

做法 1. 將黑豆浸泡10個小時，洗淨待用。黑芝麻沖洗乾淨，碾碎。花生仁洗淨待用。

2. 將上述原料一起倒入豆漿機中，加水至合適位置，煮至豆漿機提示豆漿做好。

3. 依個人口味，加入白糖，即可飲用。

養生叮嚀 ## 如何使頭髮更黑亮

- 常食富含植物蛋白的食物：燕麥、花生、玉米、核桃和豆製品等可促進生髮。
- 富含鐵元素的食物也有生髮作用：包括馬鈴薯、豆類、菠菜、蘿蔔、蛋類、蝦、香蕉、禽類等。
- 多食含碘高的食物：幫助頭髮快速生長，如海帶、薑菜、髮菜、海蜇、海參、紫菜、柿子等。
- 宜多食富含維生素E的食物：如黑芝麻、芥菜、菠菜等。
- 避免煙、酒和辛辣刺激性食物：如辣椒、花椒、薑、蔥、大蒜等。
- 儘量少吃油膩和油炸的食品。
- 忌高糖和高脂肪食物：因為這些食物內含有酸性成分，不利於頭髮生長。

紫菜補鈣豆漿

原料 黃豆40克，白米15克，紫菜、小米各10克。

調料 蔥、鹽、味精各適量。

做法 1. 將黃豆浸泡10個小時。紫菜、白米、小米分別洗淨。蔥切碎。

2. 將上述原料一起放入豆漿機杯體中，加水至上下水位線間，接通電源，按鍵，煮至豆漿機提示豆漿做好。

3. 在做好的豆漿中添加少量鹽及味精調味，即可直接飲用。

功效 **黃豆+白米+紫菜+小米**
營養互補，增強鈣質，健壯骨骼。

發育中的青少年，素食者，老年人，孕期、哺乳期、更年期及絕經期後的婦女均需要補鈣。補鈣應注意以下幾點：

· **多食用鈣質含量高的食物**：如牛奶、優酪乳、乳酪、泥鰍、河蚌、螺、蝦米、小蝦皮、海帶、酥炸魚、牡蠣、花生、芝麻醬、豆腐、松子、甘藍菜、花椰菜、白菜、油菜等。

· **對含草酸多的蔬菜先汆燙，破壞草酸後再烹調**：如甘藍、花椰菜、菠菜、莧菜、空心菜、芥菜、雪菜、竹筍等。

· **早餐一定要吃好**：因為人體早上對鈣的吸收能力最強。

· **多做體育運動**：運動可使肌肉互相牽拉，強烈地刺激骨骼，加強血液循環和新陳代謝，減少鈣質丟失，延緩骨骼老化，同時有利於人體對飲食中鈣的吸收。

· **多曬太陽**：紫外線能夠促進體內維生素D的合成，利於鈣的吸收。但紫外線不能穿透玻璃所以不能隔著玻璃曬太陽。

有條件的朋友可以選擇安全無副作用、含量高、吸收率高的補鈣製劑，常見補鈣製劑有葡萄糖酸鈣及乳酸鈣、活性鈣、碳酸鈣。服用補鈣劑也有講究：

· 最好是早晚飯後服用補鈣產品。
· 補鈣劑最好分次服用。
· 補鈣劑要嚼碎服用。
· 補鈣時要多喝水。

栗子芝麻壯骨豆漿

功效 營養互補，增強鈣質，健壯骨骼。

原料 黃豆60克，栗子30克，黑芝麻10克。

調料 白糖適量。

做法 1. 將黃豆浸泡10個小時，洗淨待用。
　　　黑芝麻洗淨，碾碎。

　　 2. 將黃豆、栗子和黑芝麻一起倒入豆
　　　漿機中，加水至合適位置，煮至豆
　　　漿機提示豆漿做好。

　　 3. 加白糖攪拌均勻即可。

綠豆小米祛火豆漿

功效 ▸ 清熱祛火，止煩渴。

原料 綠豆80克，小米20克，蓮子10克。

調料 白糖適量。

做法 1. 綠豆浸泡6小時，洗淨待用。小米淘洗乾淨，用清水浸泡2個小時。蓮子洗淨，泡軟。

2. 將上述原料一起倒入豆漿機中，加水至合適位置，煮至豆漿機提示豆漿做好。

3. 依個人口味加入白糖即可飲用。

養生叮嚀 如何清熱祛火

清熱是指清除邪熱或虛熱的各種治法。由外感溫邪引起的一般稱為實熱。邪在氣分的宜用辛涼清熱法；熱毒熾盛或夾濕的宜用苦寒清熱法；熱盛傷津的宜用甘寒清熱法；熱在營血的宜用涼血清熱法等。由陰虛而生的內熱，稱為虛熱，宜用養陰以清熱。養陰有滋養肺陰、肝陰、腎陰和養血、滋液等多種方法，須根據具體情況配合應用。在熱病傷陰階段，也可參合養陰清熱法。

清熱類方藥，性多寒涼，易傷脾胃，對脾胃虛弱的患者，宜適當輔以健胃的藥物；熱病易傷津液，對陰虛的患者，要注意輔以養陰藥，祛邪不忘扶正。

對脾胃虛弱、胃納不佳（食慾不佳）、腸滑易瀉者應慎用清熱類方藥。

綠豆百合菊花祛火豆漿

原料 綠豆80克，百合30克，菊花10克。

調料 冰糖10克。

做法 1. 綠豆浸泡6小時，洗淨待用。菊花洗淨。百合泡發，洗淨分瓣。

2. 將上述原料一起倒入豆漿機中，加水至合適位置，煮至豆漿機提示豆漿做好。

3. 加冰糖攪拌至化開即可飲用。

功效 **綠豆 + 百合 + 菊花**
適應於多種上火症狀。

推薦食材　菊花

營養與保健

· 菊花含菊苷、腺嘌呤、氨基酸、水蘇鹼、膽鹼、黃酮類、維生素B_1；菊花中含有的揮發油，主要成分為菊花酮、龍腦、龍腦乙酸酯等。

· 菊花有鎮靜、解熱作用，可用於輔助治療感冒風熱，發熱頭昏，肝經有熱，目赤多淚，肝腎陰虛，眼目昏花，肝陽上亢（因肝陰不足，致肝陽上升而易怒），眩暈頭痛，瘡瘍腫痛。對金黃色葡萄球菌、乙型鏈球菌、痢疾桿菌、傷寒桿菌、副傷寒桿菌、大腸桿菌、綠膿桿菌、人型結核菌及流感病毒均有抑制作用。食用菊花能明顯擴張冠狀動脈，並增加血流量，還可增強毛細血管抵抗力。菊苷有降壓作用。

食用指南

· 高血壓病患者按中醫辨證可有多種症型，屬於陰虛陽亢型者用菊花最好。屬於陰陽兩虛型者則不宜用寒涼的菊花，只宜用培補陽氣、滋養腎陰的藥，治療這一症型的病人多用溫熱的黨參、黃耆、杜仲、熟地等，用之則血壓回歸正常。另外，痰濕型、血淤型高血壓病患者也不宜用菊花。

糙米燕麥排毒豆漿

功效 ▶ 排腸毒，分解農藥及放射性物質。

原料 黃豆50克，燕麥片30克，糙米20克。

調料 白糖適量。

做法 1. 將黃豆浸泡10個小時，洗淨待用。糙米淘洗乾淨，用清水浸泡2個小時。

2. 將燕麥片和浸泡好的黃豆、糙米一起倒入豆漿機，加水至合適位置，煮至豆漿機提示豆漿做好。

3. 依個人口味加入白糖即可飲用。

養生叮嚀 **如何排毒**

　　生活節奏快，沒有規律的飲食，使得人體內藏了大量的「毒」。 所謂的「毒」，中醫上是指宿便在腸道內的殘留。

　　排毒成為很多人的健康口號。要想排毒應做到如下幾點： 一是飲食調整。要吃口感粗糙一些、富含膳食纖維的食物，如南瓜、馬鈴薯、玉米、芹菜、韭菜、菠菜、香蕉和柿子等。二是運動抗毒。建議每天快走30分鐘，最好每天做一套健身操，能幫助促進新陳代謝，使體內的垃圾通過流汗、排便徹底釋放。 三是自我按摩。這裡介紹一個自我按摩的方法：在肚臍下用手掌掌心順時針按摩50下，再逆時針按摩50下，早晚各一次。

綠豆南瓜排毒豆漿

原料 黃豆50克，綠豆、南瓜各30克。

調料 白糖適量。

做法
1. 黃豆浸泡10小時，洗淨待用。綠豆淘洗乾淨，用清水浸泡6個小時。南瓜去皮，洗淨，切碎。
2. 將上述原料一起倒入豆漿機中，加水至合適位置，煮至豆漿機提示豆漿做好。
3. 依個人口味加入白糖即可飲用。

功效 **黃豆 + 綠豆 + 南瓜**
促進排便，消除體內廢氣。

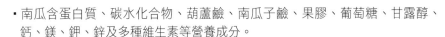

推薦食材 **南瓜**

營養與保健

- 南瓜含蛋白質、碳水化合物、葫蘆鹼、南瓜子鹼、果膠、葡萄糖、甘露醇、鈣、鎂、鉀、鋅及多種維生素等營養成分。
- 南瓜具有補中益氣、潤肺化痰、消炎止痛、解毒殺蟲的功效，適用於糖尿病、肝炎、肝硬化、腎炎、白內障、高脂血等症。

食用指南

- 挑選南瓜時以外形完整、帶瓜梗、梗部堅硬、手感硬實者為好。若南瓜皮上出現黑點，則表明內部可能已經不新鮮了。
- 南瓜若切開後再保存，容易從瓤開始變質，所以最好用湯匙把瓤掏空後再用保鮮膜包好，放入冰箱冷藏，可以存放5～6天。
- 南瓜可蒸、煮熟後用，也適宜於煲湯或做點心。

核桃紅棗抗衰豆漿

原料 黃豆50克，紅棗5顆，核桃仁、小麥仁各20克，南瓜30克。

調料 白糖適量。

做法 1. 將黃豆浸泡10個小時，洗淨待用。小麥仁淘洗乾淨，用清水浸泡2個小時。將核桃仁碾碎。紅棗洗淨，去核，切碎。南瓜去皮，洗淨，切碎。

2. 上述原料一起倒入豆漿機，加水至合適位置，煮至豆漿機提示豆漿做好。

3. 依個人口味，加入白糖即可飲用。

功效 **黃豆+紅棗+核桃+小麥+南瓜**
增強免疫力，延緩衰老。

小叮嚀

· 黃豆中含有的大豆皂素具有提高機體免疫力的功能，能提高免疫細胞和免疫因子識別和殺傷腫瘤細胞的能力，增強機體細胞抗病毒的能力。

養生叮嚀 **如何抗氧化**

　　越來越多的研究顯示抗氧化是預防衰老的重要步驟，因為自由基或氧化劑會影響代謝功能，並會引起不同的健康問題。如果能夠消除過多的氧化自由基，對於老化及許多自由基引起的相關疾病都能夠預防。例如常見的動脈硬化、糖尿病、心血管病、老年癡呆等。因此，我們應攝取足夠的抗氧化劑，延緩身體退化速度，防止肌膚衰老。維生素E、維生素C和β-胡蘿蔔素被稱為三大抗氧化物質，它們可以利用自身結構的特性來穩定自由基多餘的電子，防止細胞老化。

胡蘿蔔黑豆抗衰豆漿

原料 黑豆80克，胡蘿蔔40克。

調料 白糖適量。

做法 1. 將黑豆浸泡10個小時，洗淨待用。胡蘿蔔洗淨，切碎。

2. 上述原料一起倒入豆漿機，加水至合適位置，煮至豆漿機提示豆漿做好。

3. 依個人口味，加入白糖即可飲用。

菊花茶抗輻射豆漿

功效 ▶ 降低輻射對身體的影響。

原料 黃豆、綠豆各30克,菊花茶5克。

調料 白糖適量。

做法 1. 將黃豆浸泡10個小時,洗淨待用。綠豆淘洗乾淨,浸泡6小時待用。菊花茶倒入杯中,用沸水沖成茶水。

2. 將上述原料一起倒入豆漿機中,加水至合適位置,煮至豆漿機提示豆漿做好。

3. 依個人口味,加入白糖即可飲用。

養生叮嚀 **如何防輻射**

輻射分為內輻射和外輻射兩種。內輻射是不慎將放射性氣體或粉塵吸入體內造成的輻射,外輻射是體外的輻射源對身體造成的輻射。食用抗輻射食物可以降低輻射對人體造成的不良影響。

抗輻射食物包括以下幾大類:

· **富含番茄紅素類食物**:如番茄、西瓜等紅色水果。

· **富含維生素E、維生素C類食物**:如各種豆類、橄欖油、葵花子油、芥菜、捲心菜、蘿蔔等十字花科蔬菜以及鮮棗、橘子、奇異果等新鮮水果。

· **富含維生素A或β-胡蘿蔔素類食物**:如魚肝油、動物肝臟、雞肉、蛋黃、綠花椰菜、胡蘿蔔、菠菜等。

· **富含硒元素的食物**:如蛋類、龍蝦、鮪魚、大蒜、蘑菇、芝麻、麥芽、黃耆、酵母、啤酒等。

· **富含脂多糖、維生素A原類食物**:如綠茶、菊花茶、綠豆等。

· **富含膠原蛋白的物質**:如海帶、紫菜、豬皮、雞皮、豬骨髓等。

花粉木瓜薏仁抗輻射豆漿

原料 綠豆、木瓜各50克,薏仁、油菜花粉各20克。

調料 白糖適量。

做法
1. 綠豆淘洗乾淨,浸泡6個小時待用。薏仁淘洗乾淨,用清水浸泡2個小時。木瓜去皮、去籽,切丁。
2. 將綠豆、薏仁、木瓜、油菜花粉一起倒入豆漿機中,加水至合適位置,煮至豆漿機提示豆漿做好。
3. 依個人口味加入白糖即可飲用。

功效 **綠豆 + 木瓜 + 薏仁**
對抗電磁輻射對人體的不利影響。

推薦食材 ## 木瓜

木瓜又名番瓜、萬壽果、文官果、木冬瓜、乳瓜、蓬生果。

營養與保健

- 木瓜含木瓜鹼、木瓜蛋白酶、木瓜凝乳酶、蛋白質、脂肪、糖類、胡蘿蔔素、維生素B群、維生素C、維生素E等。
- 木瓜味甘,性平微寒,歸肝、脾經,具有消食驅蟲、清熱、祛風的功效,適用於胃痛、消化不良、肺熱乾咳、乳汁不通、濕疹、寄生蟲等。

榛子杏仁抗疲勞豆漿

原料 黃豆60克，榛子仁、杏仁各20克。

調料 白糖適量。

做法
1. 黃豆浸泡10小時，洗淨待用。杏仁、榛子仁碾碎。
2. 將上述原料一起倒入豆漿機中，加水至合適位置，煮至豆漿機提示豆漿做好。
3. 依個人口味加入白糖即可飲用。

功效 黃豆＋榛子＋杏仁
恢復體能，抗疲勞。

小叮嚀
- 榛子所含的脂溶性維生素更易為人體所吸收，對體弱、病後虛羸、易饑餓的人都有很好的補養作用。榛子中的維生素E含量很高，能有效地延緩衰老，防治血管硬化，潤澤肌膚。

養生叮嚀 如何驅除疲勞

疲勞又稱疲乏，是主觀上一種疲乏無力的不適。養成良好的生活習慣，多注意休息，勞逸結合，可預防疲勞。保持良好的心態、穩定的情緒，擁有健康的飲食習慣，平時多吃水果蔬菜等，有助於提高自我免疫力。

驅走疲勞小妙招

- **喝冰咖啡**：強烈的陽光會灼傷皮膚，喝點冰咖啡不僅會使人覺得涼爽，其中的咖啡因還能保護皮膚免受紫外線傷害，降低DNA受損和降低引發皮膚癌的風險。

- **適度吃牛肉**：如果每天吃100～150克牛肉，可以為身體提供有益心腦健康的Ω-3脂肪酸和強壯骨骼的礦物質鋅。

- **每天開心大笑幾分鐘**：大笑有助於降低血液中有害應激激素皮質醇的水準。研究表明，能讓人笑聲不斷的電影，只需15分鐘就可以使血管放鬆擴張，而且彈性更好，進而防止心臟病的發生。

- **午間休息**：經常午睡不僅能增強記憶力和學習能力，還能讓心臟病死亡率降低34%。

花生腰果抗疲勞豆漿

原料 黃豆80克，腰果、花生仁各20克。

調料 白糖適量。

做法 1. 黃豆浸泡10個小時，洗淨待用。花生仁洗淨，腰果碾碎。

2. 將上述原料一起倒入豆漿機中，加水至合適位置，煮至豆漿機提示豆漿做好。

3. 依個人口味加入白糖即可飲用。

功效 黃豆＋腰果＋花生仁

消除身體疲勞，改善腦疲勞。

小叮嚀

· 買回來的花生如果不馬上吃，可將其曬乾水分，裝入塑膠袋中，放入幾個乾紅辣椒，或用棉紗布包適量花椒放入花生米中，然後紮緊袋口，這樣存放花生米可保存數月不變質。

推薦食材 腰果

腰果又名雞腰果、介壽果。

營養與保健

· 腰果含豐富的蛋白質、不飽和脂肪酸及多種維生素、微量元素等。

· 腰果味甘性平，歸脾、腎經，有降壓、養顏、延年益壽、利尿之功效，適用於咳逆、心煩、口渴等症。腰果中的錳、鉻、鎂、硒等微量元素，具有抗氧化、防衰老、抗腫瘤和抗心血管病的作用。腰果所含脂肪多為不飽和脂肪酸，是高血脂、冠心病患者的食療佳果。

食用指南

· 挑選腰果時，以外觀呈完整月牙形，色澤白，飽滿，氣味香，油脂豐富，無蛀蟲、斑點者為佳；有黏手或受潮現象者，是不新鮮的腰果。

· 使用前最好將洗淨的腰果浸泡5小時。

· 腰果應存放於密封容器中，放入冰箱冷藏保存。或放在陰涼通風處，避免陽光直射。

黃金搭配

· 腰果適宜與大蒜搭配，可消除疲勞，護膚養顏。

· 腰果適宜與蝦搭配，可養顏護髮，減輕關節炎的疼痛感。

山楂蕎麥降脂豆漿

> **功效** 軟化血管，降低三酸甘油酯和膽固醇。

原料 黃豆60克，蕎麥30克，山楂15克。

調料 冰糖10克。

做法
1. 將黃豆浸泡10個小時，洗淨待用。將蕎麥淘洗乾淨，浸泡2個小時待用。山楂洗淨，去蒂，去籽。
2. 上述原料一起倒入豆漿機，加水至合適位置，煮至豆漿機提示豆漿做好。
3. 過濾後加冰糖攪拌至化開即可。

養生叮嚀 **如何降血糖**

　　通常糖尿病病人應先行飲食療法和運動療法，兩者為糖尿病的基礎治療，適用於一切糖尿病病人。飲食療法必須持之以恆，應結合患者的愛好、飲食習慣、經濟條件及勞動強度等制定切實可行的食譜。

- **合理分配飲食**：可以按照每日3餐將熱量比分配為1/5：2/5：2/5。
- **攝取適當熱量（限制總熱量）**：制定食譜，決定一日的總熱量，以維持標準體重，糾正代謝紊亂。
- **適當補充蛋白質、糖類及脂肪**：蛋白質是人體必需的營養成分，含有人體必需的氨基酸。糖是人體熱量的主要來源，雖然應限制攝入，但不應限制過嚴，否則也會給機體帶來不良影響。脂肪供給人體必要的脂肪酸及脂溶性維生素，產熱量相當於糖類和蛋白質的2倍。
- **適當補充維生素及礦物質**：礦物質及維生素對人體很重要，必須補足。
- **攝取充足的膳食纖維**：食物中要有足夠的膳食纖維。
- **限制酒類及飲料**：酒類及飲料儘量不喝或少喝。

枸杞蕎麥降糖豆漿

原料　黃豆60克，蕎麥30克，枸杞15克。

調料　冰糖10克。

做法　1. 黃豆浸泡10小時，洗淨待用。將蕎麥淘洗乾淨，浸泡2小時待用。枸杞洗淨，用清水泡軟，待用。

　　　2. 上述原料一起倒入豆漿機，加水至合適位置，煮至豆漿機提示豆漿做好。

　　　3. 過濾後加冰糖攪拌至化開即可。

小叮嚀

- 市售的豆漿包裝上都會標示有效期限，理論上在期限內喝完是沒問題的。但豆漿很容易受到微生物影響，一旦開封就容易變質，即使在效期內也儘早喝完為宜。

功效　黃豆＋蕎麥＋枸杞

降低血糖，預防多種併發症。

玉米鬚燕麥降糖豆漿

原料　黑豆60克，燕麥30克，玉米鬚20克。

調料　冰糖10克。

做法　1. 將黑豆浸泡10個小時，洗淨待用。將燕麥淘洗乾淨，浸泡2個小時待用。玉米鬚洗淨，剪碎。

　　　2. 上述原料一起倒入豆漿機，加水至合適位置，煮至豆漿機提示豆漿做好。

　　　3. 過濾後加冰糖攪拌至化開即可。

小叮嚀

- 玉米鬚可以利尿消腫、平肝利膽。主治急、慢性腎炎，水腫，急性膽囊炎，膽道結石和高血壓。玉米鬚含大量硝酸鉀、維生素K、穀固醇、豆固醇和揮發性生物鹼，可以利尿、降壓、降血糖、止血、利膽等。

功效　黑豆＋燕麥＋玉米鬚

促進胰島素分泌，對抗血糖升高。

高粱小米抗失眠豆漿

原料 黃豆60克，高粱、小米各30克。

調料 冰糖10克。

做法 1. 黃豆浸泡10小時，洗淨待用。小米、高粱淘洗乾淨，用清水浸泡2小時。

2. 將上述原料一起倒入豆漿機中，加水至合適位置，煮至豆漿機提示豆漿做好。

3. 過濾後加冰糖，攪拌至化開即可。

功效 **黃豆 + 高粱 + 小米**
健脾養胃，提高睡眠品質。

養生叮嚀 **如何預防失眠**

失眠是指人無法入睡或無法保持睡眠狀態，導致睡眠不足。

預防失眠需注意以下幾點：

- **避免精神高度緊張，保持良好心態**：每個人要根據自身特點，安排工作、學習，期望值不要過高。這樣，可能會有意想不到的效果。
- **生活保持規律性**：要想有充沛的精力應對工作，就必須生活規律，保證充足的睡眠。
- **適當運動，防止失眠**：每天早晚可適當運動，如散步、慢跑、打太極拳等，這樣有利於精神放鬆，使人的睡眠中樞工作正常，入睡順利。
- **飲食要合理**：在每天保證三餐的基礎上，晚餐要少吃，避免大魚大肉和辛辣刺激性食物。
- **晚上泡腳利於睡眠**：每晚用溫水泡腳10分鐘，並用手按摩腳促進血液循環，可促進睡眠。

百合枸杞抗失眠豆漿

原料 黃豆60克，枸杞、鮮百合各30克。

調料 冰糖10克。

做法 1. 黃豆浸泡10小時，洗淨待用。將枸杞洗淨，用清水泡軟。百合挑洗乾淨，分瓣。

2. 上述原料一起倒入豆漿機，加水至合適位置，煮至豆漿機提示豆漿做好。

3. 加冰糖攪拌至化開即可。

功效 **黃豆** + **枸杞** + **百合**
調理神經衰弱引起的失眠。

四季養生豆漿

春季如何養生

中國醫學認為，春氣通肝，春季易使肝旺。肝氣旺則會影響到脾，導致春季容易出現脾胃虛弱病症，所以「春日宜省酸增甘，以養脾氣」。如果春季多吃酸味的食物，會使肝功能偏亢，故春季飲食調養宜選辛、甘溫之品，忌酸澀，飯菜宜清淡可口，忌油膩、生冷及刺激性食物。此外，野菜的生長期早於一般蔬菜，而且富含維生素，可採摘食用，以補充蔬菜的不足。

具體來說要注意以下幾點：

· 在春季應增加營養，使人體因春季消耗而損失的營養及時得以補償。中醫認為「春以胃氣為本」，因此應改善和促進消化吸收功能。不管是食補還是藥補，都應有利於健脾和胃、補中益氣，以保證營養成分能被充分吸收。

· 因為春季濕度相對冬季要高，易引起濕溫類疾病，所以進補時一方面應健脾以除燥濕，另一方面食補與藥補也應注意利濕滲濕。

· 針對原有慢性疾病患者的虛證，給予相應的食補與藥補。食補與藥補補品的補性都應較為平和，如非必要，不能一味使用辛辣溫熱之品，以免在春季氣溫上升的情況下加重內熱，傷及人體正氣。

杏仁菠菜豆漿

功效 補肝明目，止咳平喘，和胃通便。

原料 黃豆60克，甜杏仁25克，蘇子6克。

調料 冰糖適量。

做法 1. 黃豆挑洗乾淨，用清水浸泡6小時，放在攪拌機內，加入適量水打成豆漿。

2. 蘇子洗淨放入榨汁機，加適量水榨成汁；甜杏仁同25克水放入榨汁機，榨成汁液。

3. 把豆漿過濾後倒在淨鍋內，以小火煮熟。

4. 豆漿加入蘇子汁和杏仁汁稍煮，離火稍涼，加冰糖調味即可。

栗子百合豆漿

功效 ▸ 養肝健脾，潤燥化痰。

原料 黃豆50克，栗子100克，百合10克。

調料 白糖適量。

做法 1. 黃豆洗淨，用清水浸泡6小時至漲透。

2. 將百合掰開，洗淨。栗子去皮，切粒。

3. 將泡好的黃豆、栗子肉和百合一起放入攪拌機中，添入適量清水，加蓋接通電源，按鍵打成豆漿。

4. 打好的豆漿倒出過濾，倒入淨鍋，以小火煮約10分鐘至熟，加入白糖調味即可飲用。

蝦米甘藍豆漿

功效 ▸ 補五臟，益氣血，強筋骨。

原料 黑豆600克，紫甘藍75克，蝦米15克。

調料 鹽適量。

做法 1. 黑豆挑去雜質，洗淨，用清水浸泡6小時，放在攪拌機內，加入適量水打成豆漿。

2. 紫甘藍洗淨切碎，與泡洗乾淨的蝦米一起放入榨汁機，加入100克水榨取汁液待用。

3. 把豆漿過濾後倒在淨鍋內，以小火煮10分鐘至熟。

4. 豆漿汁中加入紫甘藍汁稍煮，調入鹽即可。

茄子豆漿

功效 ▸ 健脾開胃，通氣順腸，保護血管。

原料 黃豆60克，茄子100克。

調料 白糖20克。

做法 1. 黃豆挑去雜質，洗淨，用清水浸泡6小時，放在攪拌機內，加入適量水打成豆漿。

2. 茄子洗淨，切成小丁，放在榨汁機內，加入100克水榨取汁液，過濾待用。

3. 把豆漿過濾後倒在淨鍋內，以小火煮10分鐘至熟。

4. 豆漿中加入茄子汁和白糖稍煮，即可飲用。

鯰魚肉黑豆漿

功效 ▶ 對春季氣血兩虧者有較好的滋補作用。

原料 黑豆60克，鯰魚肉75克，胡蘿蔔丁25克。

調料 白糖10克，料酒、薑汁各適量。

做法
1. 黑豆洗淨，用清水泡至漲透；鯰魚肉洗淨，切成小丁，用料酒和薑汁拌勻醃5分鐘，再用清水洗淨，瀝乾水分。

2. 將泡好的黑豆、鯰魚肉和胡蘿蔔丁一起放入全自動家用豆漿機杯體中，加入清水至上下水位線之間。

3. 將機頭按正確位置放入杯體中，插上電源，按下啟動鍵，經過反覆的打漿、加熱和熬煮，十幾分鐘後鯰魚肉黑豆豆漿即做好，最後加白糖調味即可。

芝麻魚蓉豆漿

功效 ▶ 和脾開胃，補血填精，養肝明目。

原料 黃豆60克，淨魚肉50克，白芝麻25克。

調料 鹽15克，料酒5克，薑汁數滴。

做法
1. 芝麻以小火焙至出香，放入鹽炒香，倒在桌上晾冷，擀成細末即成芝麻鹽，待用。

2. 淨魚肉洗淨，切成小丁，放入攪拌機，加入料酒和薑汁打成極細的蓉，盛出備用。

3. 黃豆洗淨，用清水泡至漲透，用家用攪拌機打成豆漿。

4. 將豆漿過濾後加入魚蓉調勻，倒在淨鍋內，上火煮熟，倒入碗中，撒上芝麻鹽，即可飲用。

養生叮嚀　夏季如何養生

夏季天氣炎熱，食欲減退，食物要以清淡芳香為主，因清淡易消化，芳香可刺激食欲。同時，進食要定時定量，這樣可提高胃液分泌量，增加食欲。盛夏季節出汗多，損耗了大量水分和營養，應適當吃些瓜果冷飲，宜選用產熱量較少、含維生素豐富及電解質較多的飲料，可起到降溫防暑的作用。

各種鮮果汁營養豐富，美味可口，既能補充維生素C、維生素B群、鈉、鉀、鈣、鎂等營養物質，又能中和人體內積聚的酸性代謝產物，使血液、體液保持正常弱鹼性，起到淨血涼血、解毒滋補的作用。價廉物美的開水也是防暑降溫的好飲品，飲用時酌加食鹽，以防體液失調，代謝紊亂。也可適量喝些鹽汽水、啤酒，既能防暑解渴，又可通便利尿。

夏季進補具體來說要注意以下幾點：

- 宜清淡可口，避免用黏膩敗胃、難以消化的進補食品。
- 重視健脾養胃，促進消化吸收功能。
- 宜清心消暑解毒，避免暑毒。
- 宜清熱利濕、生津止渴，以平衡體液的消耗。

苦瓜豆漿

功效 ▸ 清心明目，解毒清熱。

原料 黃豆50克，苦瓜50克。

調料 白糖15克。

做法　1. 苦瓜先洗淨，去瓤切塊，同50克水一起放在榨汁機內榨取汁液，待用。

　　　　2. 黃豆洗淨，用清水泡6小時至漲透，放入家用攪拌機中，加入適量清水打成豆漿。

　　　　3. 將豆漿過濾後倒在淨鍋內，上小火煮10分鐘至熟，離火。

　　　　4. 豆漿中加入苦瓜汁和白糖調勻，即可飲用。

> **小叮嚀**
>
> - 苦瓜味道很苦，用量不要太多。
> - 加少量的白糖調味，味道更好。

菊花豆漿

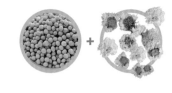

功效 清肝明目，清熱解毒。

原料 黃豆50克，菊花10克。

調料 白糖25克。

做法 1. 黃豆洗淨，用清水浸泡6小時至漲透；菊花洗淨，瀝乾水備用。

2. 將黃豆與菊花混合，放入豆漿機杯體中，加清水至上下水位線之間。

3. 機頭按正確位置放入杯體中，插上電源，再按下啟動鍵，經過反覆的打漿、加熱和熬煮，大約20分鐘後菊花豆漿即做好。

4. 將豆漿倒在杯內，加入白糖調勻，即可飲用。

荸薺番茄豆漿

功效 涼血止痢，健胃消食，潤肺生津。

原料 黃豆60克，糖水荸薺50克，番茄1個。

調料 冰糖適量。

做法 1. 黃豆洗淨，用清水泡6小時至漲透。

2. 荸薺切丁，番茄洗淨去皮切丁，將二者放入攪拌機，加入50克糖水榨成汁液待用。

3. 黃豆放入家用攪拌機，加入適量清水，加蓋，接通電源，按鍵打成豆漿，過濾去渣。

4. 豆漿以小火煮熟，再加入荸薺番茄汁煮開，倒入碗內，待稍涼調入冰糖即可飲用。

白菜果汁豆漿

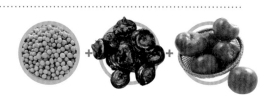

功效 清熱瀉火，補腎潤肺、生津潤燥。

原料 黑豆50克，白菜心150克，枸杞5克。

調料 白糖25克，檸檬汁25克。

做法 1. 枸杞洗淨，用熱水泡軟；白菜心洗淨切絲；黑豆洗淨，用清水泡6小時至發軟待用。

2. 白菜心、黑豆和泡黑豆的清水倒入家用攪拌機的桶內，加蓋接通電源，按鍵打成豆漿。

3. 取一塊淨紗布放於盆的上方，倒入打好的豆漿過濾去渣， 然後倒入淨鍋中，再加入枸杞及泡枸杞的水，以小火煮約10分鐘至熟，加入檸檬汁和白糖調成酸甜口味，倒出即可飲用。

牛柳雙豆漿

功效 ▶ 清熱消腫，健脾利濕。

原料 黃豆40克，紅豆20克，牛柳肉50克。

調料 鹽適量。

做法 1. 牛柳肉切成小丁，用清水泡10分鐘後，再換清水洗兩遍，瀝乾水分。

2. 黃豆和紅豆洗淨，用水泡6小時至發軟。

3. 把做法1和2的原料放入家用攪拌機內，添入適量清水，蓋上蓋後，接通電源，按鍵打成豆漿。

4. 淨鍋上火，倒入打好的豆漿，以小火煮約10分鐘至熟，加鹽調味，即可飲用。

生菜蒜汁豆漿

功效 ▶ 清熱解毒，提神醒腦，健胃消食。

原料 黃豆、綠豆各30克，生菜100克，大蒜10克。

調料 鹽適量。

做法 1. 黃豆和綠豆洗淨，用清水泡8小時至漲透。

2. 生菜用淡鹽水洗淨切絲，與大蒜一起放入榨汁機，加入50克清水榨取汁液，過濾待用。

3. 將泡好的黃豆、綠豆及適量清水倒入家用攪拌機的桶內，加蓋接通電源，按鍵打成豆漿，過濾去渣待用。

4. 把豆漿倒入淨鍋，以小火煮約10分鐘至熟，再加入生菜大蒜汁稍煮，調入鹽即成。

養生叮嚀　秋季如何養生

　　中醫認為，秋天氣候較為乾燥，秋燥易傷及人的肺臟，會出現口乾、咽乾、唇焦、乾咳或氣促等症狀。秋燥容易傷陰，導致陰虛。秋令的燥熱給人體生理帶來變化，其中以皮膚毛髮、七竅、呼吸系統的乾燥症狀表現最為突出。秋季早晚溫差變化使人體的週邊血管常處於收縮狀態，也容易使血壓升高。而燥熱導致的陰津虧耗，使周身組織器官相對處於失潤狀態，內臟功能相對低下，更加重了人體的疲勞感，使人常有精神抑鬱、懶散等不適感。

　　秋季進補的原則為滋陰、潤燥、養肺，做到「燥者濡之」、「上燥清氣，中燥增液，下燥養血」。

秋季食補的方法

秋季要注意食物的多樣化和營養的平衡，應多吃耐嚼、富含膳食纖維的食物，選擇具有潤肺生津、養陰清燥作用的瓜果蔬菜、豆製品及食用菌類，還應多食粗糧，如紅薯等，以防便秘。秋令食補應循序漸進，剛開始應選擇容易消化吸收的食品服食。

秋季有時氣候還會偏於炎熱，但也不宜多食冷飲，尤其是小兒、老年及多病體虛的人，更應少吃或忌食。秋燥傷津者要多食果蔬，如梨、柚子、荸薺、甘蔗等，以潤肺生津。

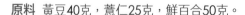

百合薏仁豆漿

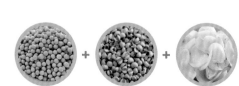

功效 健脾護肝，潤燥養肺。

原料 黃豆40克，薏仁25克，鮮百合50克。

調料 白糖20克，桂花釀10克。

做法 1. 黃豆和薏仁洗淨，用清水浸泡6小時至漲透；鮮百合逐片掰開，洗淨。

2. 將黃豆、薏仁和鮮百合一起放入家用攪拌機，蓋上蓋後接通電源，按鍵打成豆漿。

3. 把豆漿過濾後，倒在淨鍋內，以小火煮10分鐘至熟。

4. 豆漿內調入桂花釀和白糖稍煮，即可飲用。

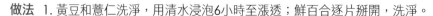

鳳梨雞蓉豆漿

功效 滋陰潤肺，養血補肝，抵禦秋燥。

原料 黑豆50克，雞胸肉50克，糖水鳳梨肉100克。

調料 白糖適量。

做法 1. 黑豆洗淨，用清水泡6小時至發軟。

2. 雞胸肉剔淨筋膜，切成綠豆大小的粒，同泡好的黑豆放在家用攪拌機內，加入適量清水打成豆漿，過濾去渣。

3. 糖水鳳梨肉和適量糖水倒在家用攪拌機內，榨取汁液。

4. 淨鍋上火，倒入雞蓉豆漿以小火煮15分鐘至熟，加入鳳梨汁稍煮，調入白糖即成。

綠花椰番茄豆漿

功效 ▸ **潤燥補虛，減少心血管疾病。**

原料 黃豆60克，番茄1個，綠花椰菜75克。

調料 白糖20克，鹽適量。

做法 1. 黃豆洗淨，用清水浸泡6小時至漲透；放在攪拌機內，加入適量水打成豆漿。

2. 番茄、綠花椰菜均洗淨，切成小塊，一起放入榨汁機中，加入100克水打成汁液。把豆漿過濾後倒在淨鍋內，以小火煮10分鐘至熟。

3. 豆漿中加入綠花椰菜番茄汁稍煮，調入白糖、鹽即可。

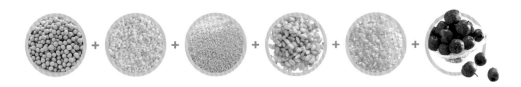

山楂五穀豆漿

功效 ▸ **幫助消化，擴張血管，尤其適合高血脂、高血壓、動脈硬化、體虛心煩者服用。**

原料 黃豆30克，白米、小米、小麥仁、玉米各10克，鮮山楂25克。

調料 白糖適量。

做法 1. 黃豆洗淨，用清水浸泡6小時至漲透。

2. 白米、小米、小麥仁和玉米分別洗淨，同泡好的黃豆一起放入攪拌機中，加入適量清水打成豆漿。

3. 鮮山楂洗淨，去核，放在榨汁機內，加入50克水榨成汁液。

4. 把豆漿過濾後倒入淨鍋中，以小火煮約15分鐘至熟，加入山楂汁和白糖調成酸甜口味，稍煮即成。

芝麻蘋果豆漿

功效 ▸ 健脾保肝，滋陰潤肺。

原料 黃豆60克，蘋果1個，黑芝麻10克。

調料 白糖20克。

做法 1. 黃豆和芝麻挑洗乾淨，用清水浸泡6小時，放在攪拌機內，加入適量水打成豆漿。

2. 蘋果洗淨，去核切丁，放入榨汁機中，加入50克水打成汁液。

3. 把豆漿過濾後倒在淨鍋內，以小火煮10分鐘至熟。

4. 豆漿中加入蘋果汁稍煮，放白糖調味即可。

養生叮嚀 ## 冬季如何養生

　　冬季是進補的大好時節。按中國民間的說法，冬季是收藏的季節，對於人體來說也是如此。人體在冬季新陳代謝最慢，此時人體的消耗最少。吸收的營養物質除了部分消耗外，可以貯藏在體內，補充平日的不足或準備應付未來的工作和生活。

　　此外，由於冬季氣溫較低，無論是食補品或藥補品，均較易保存，不易變質，這就便於應用一些需要久服的補品。中醫認為，腎是人體的根本所在，冬季應重點補腎健身。同時，冬季服用較為滋膩、補力較強的食補品和藥補品也較適宜。

具體來說要注意以下幾點：

- 冬季進補應以補腎健身為主，培本固元，增強體質。

- 可以選擇補益力較強、針對虛證的補品。只要虛證診斷正確，就應堅持整個冬季進補，必能增強體質，促進健康。

- 進補是增強體質、增強抵抗力、祛病補虛的良好措施，但應避免進補後身體發胖。雖然冬季可以服用滋膩的補品，但還是要控制每次的進補量，以避免倒胃口，影響正常的飲食和今後的進補。

- 冬季是老年病容易發作的季節，若恰逢舊病發作或發燒等，則應暫停進補，待病情穩定後再結合疾病致虛的情況進補。

蝦米西芹豆漿

功效 ► 養精益氣，滋陰健胃。

原料 黑豆60克，西芹75克，蝦米25克。

做法 1. 黑豆洗淨，用清水泡6小時至發軟；蝦米放入碗中，注入50克熱水泡軟；西芹洗淨，切丁。

2. 將西芹放在攪拌機內，加入50克水打成汁液，倒出。

3. 把黑豆、蝦米和泡黑豆的水倒入家用攪拌機，蓋上蓋後接通電源，按鍵打成豆漿。

4. 把豆漿過濾後，倒在淨鍋內，以小火煮10分鐘至熟，加入芹菜汁煮3分鐘，即可倒出飲用。

紅棗糯米豆漿

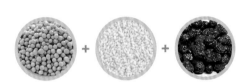

功效 ► 補益脾胃，補血安神。

原料 黃豆50克，糯米25克，紅棗5枚。

做法 1. 黃豆用清水浸泡6小時至漲透，洗淨。

2. 糯米淘洗乾淨；紅棗用清水泡漲，洗淨去核。

3. 將泡好的黃豆、糯米和紅棗一起放入杯體中，加清水至上下水位線之間。

4. 機頭按正確位置放入杯體中，插上電源，按下啟動鍵，經過反覆的打漿、加熱和熬煮，十幾分鐘後紅棗糯米豆漿即做好。

鹵牛肉黑豆漿

功效 ► 補中益氣，滋養脾胃，強健筋骨。

原料 五香鹵牛肉75克，黑豆瓣50克。

調料 鹽適量。

做法 1. 將去皮的黑豆瓣用清水泡6小時至發軟。

2. 五香鹵牛肉去淨筋膜，切成小丁。

3. 將黑豆瓣及泡豆瓣的清水倒入家用攪拌機的桶內，加入牛肉丁，蓋上蓋後接通電源，按鍵打成豆漿。

4. 淨鍋上火，倒入豆漿，以小火煮約10分鐘，加鹽調味，即可飲用。

山藥黃豆豆漿

功效 ▸ 增強體質，提高機體抗病力。

原料 山藥60克，黃豆60克。

調料 白糖適量。

做法 1. 山藥去皮，洗淨，切塊。

2. 黃豆洗淨，用清水泡6小時至發軟，待用。

3. 泡好的豆子、山藥塊和適量清水倒入家用攪拌機，加蓋接通電源，按鍵打成豆漿。

4. 把豆漿過濾後倒在淨鍋中，以小火煮約10分鐘至熟，加入白糖調味即成。

萵筍核桃豆漿

功效 ▸ 補腎強腰膝，益肺定咳。

原料 黑豆60克，萵筍75克，核桃仁25克。

調料 白糖20克。

做法 1. 黑豆洗淨，用清水泡6小時至發軟，待用。

2. 萵筍去皮，切成小丁，同核桃仁和50克水放在攪拌機內，打成汁液。

3. 將泡好的黑豆放在家用攪拌機的桶內，加入適量水，加蓋接通電源，按鍵打成豆漿。

4. 把豆漿過濾後倒入淨鍋，以小火煮約10分鐘至熟，加入萵筍核桃汁和白糖，稍煮即成。

黑木耳胡蘿蔔豆漿

功效 ▸ 滋陰補腎，益氣養血，降壓降脂。

原料 黃豆50克，胡蘿蔔50克，水發黑木耳30克。

調料 食用油5克，白糖適量。

做法 1. 黃豆洗淨，用清水浸泡6小時，倒在家用攪拌機內打成豆漿，過濾去渣。

2. 胡蘿蔔洗淨，切丁；水發黑木耳挑洗乾淨，切碎。

3. 鍋入油燒熱，放入胡蘿蔔丁炒透，盛入攪拌機，加入黑木耳和100克水榨成汁待用。

4. 把豆漿倒在淨鍋內，上小火煮10分鐘至熟，加入胡蘿蔔黑木耳汁和白糖，再次煮開，即可飲用。

適合不同族群飲用的豆漿

養生叮嚀　老年人保健常識

　　飲食有節，起居有常，是養生長壽的基本原則。老年人飲食不可饑飽無度，並且進餐要有規律，養成定時定量的良好習慣。常食以下營養素對老年人健康有益：

- **優質蛋白質**：主要來源有瘦肉、雞蛋、豆腐、雞、鴨、魚、蝦類和豆類。
- **維生素B群**：主要來源有優酪乳、堅果、水果、銀耳蓮子羹或麥麩等。
- **核酸**：主要來源有鯡魚、沙丁魚、青花魚、蝦、牡蠣等海產品和甜菜、蘆筍、青蔥、菜花及豆類。
- **酶**：主要來源有香菇、山藥、銀杏、大棗、山楂、生薑、青椒、茄子、大蒜等。
- **前列腺素**：就蔬菜而言，迄今為止科學家只在洋蔥中發現前列腺素。
- **鈣**：富含鈣元素的食物包括蔬菜、豆製品、乳製品、果汁和穀物等。
- **葉酸、硒元素**：主要來源有全麥、大麥、黑麥、穀子、糙米、野生稻和全麥義大利麵食、麵包等。

枸杞燕麥山藥豆漿

功效 ▶ 強身健體，延緩衰老。

原料　黃豆60克，燕麥10克，枸杞10克，山藥20克。

調料　冰糖10克。

做法　1. 將黃豆浸泡10小時，洗淨待用。燕麥淘洗乾淨，用清水浸泡2小時。山藥去皮，洗淨，切小丁。枸杞洗淨，泡軟。

　　　　2. 將上述原料一起倒入豆漿機中，加水至合適位置，煮至豆漿機提示豆漿做好。

　　　　3. 過濾後加冰糖攪拌至化開即可。

綠豆豌豆白米豆漿

功效 ▶ 減少膽固醇吸收，防止動脈硬化。

原料 綠豆20克，豌豆10克，白米75克。

調料 冰糖10克。

做法
1. 將綠豆、豌豆浸泡10小時，洗淨待用；白米淘洗乾淨。
2. 將上述原料一起倒入豆漿機中，加水至合適位置，煮至豆漿機提示豆漿做好。
3. 過濾後加冰糖攪拌至化開即可。

 + + + +

五穀豆漿

功效 ▶ 平補肝腎，防老抗癌，降脂降糖，增強免疫力。

原料 黃豆20克，黑豆10克，青豆10克，扁豆10克，花生米10克。

調料 白糖25克。

做法
1. 將青豆用開水汆燙一下，過涼水備用；其餘四種原料洗淨，清水浸泡6小時至發軟。
2. 將處理好的原料一起放入豆漿機內，加入適量清水到上下水位線之間，裝入機頭。
3. 插上電源，按下啟動鍵，經過反覆的打漿、加熱和熬煮，十幾分鐘後五穀豆漿即做好。
4. 先將白糖放入杯中，再將打好的豆漿用濾網過濾，倒在杯中，調勻即可。

五香花生豆漿

功效 ▶ 健脾和胃，滋養強身。

原料 黃豆、花生各40克。

調料 生薑2片，鹽、五香粉各適量。

做法 1. 花生和黃豆用溫水洗淨，再用清水泡6小時至漲透。

2. 將黃豆和花生放在不銹鋼鍋內，添入適量清水，加入薑片、五香粉和鹽煮約15分鐘至熟，離火。

3. 把黃豆、花生和煮花生原汁倒在家用攪拌機內，蓋上蓋後接通電源，按鍵打成豆漿。

4. 把豆漿過濾後倒在淨鍋內煮開，即可倒出飲用。

腰果豆漿

功效 ▶ 增強抗病能力，強身健體，延緩衰老。

原料 黃豆50克，腰果20克，枸杞10克。

做法 1. 黃豆洗淨，用清水浸泡6小時至漲透；枸杞用50克溫水泡軟。

2. 腰果放入乾燥的鍋內，以小火炒酥，倒在攪拌機內打成細粉，待用。

3. 將泡好的黃豆倒入家用攪拌機內，加入適量清水打成漿，過濾去渣。

4. 把豆漿倒在淨鍋中，加入枸杞，上火煮約15分鐘至熟，撒入腰果粉稍煮即成。

紅棗蓮子豆漿

功效 ▶ 補虛健脾，治療高血脂等病。

原料 黃豆50克，紅棗15克，糖水蓮子15克。

調料 白糖25克。

做法 1. 黃豆去雜洗淨，用清水浸泡6小時至漲透；紅棗洗淨，用水泡半小時，除去棗核。

2. 將蓮子肉和紅棗放入榨汁機內，加入50克水榨成汁液，待用。

3. 將泡好的黃豆和適量水一起放入攪拌機內打成豆漿，過濾去渣。

4. 把過濾好的豆漿倒在淨鍋內，以小火煮10分鐘至熟，加入蓮子紅棗汁和白糖稍煮，即可飲用。

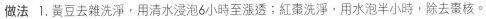

杏仁桂圓銀耳豆漿

功效 增強人體免疫力，預防呼吸道疾病。

原料 黃豆50克，水發銀耳1朵，糖水龍眼25克，清水杏仁20克。

調料 白糖適量。

做法 1. 黃豆去雜洗淨，用清水浸泡6小時至發軟，放在家用攪拌機中，加入適量清水打成豆漿，過濾去渣。

2. 將水發銀耳洗淨去蒂，撕成小片，同龍眼和杏仁一起放入榨汁機內，加入50克水榨成汁液，待用。

3. 淨鍋上火，倒入過濾的豆漿，以小火煮10分鐘至熟。

4. 豆漿中再加入銀耳混合汁液和白糖煮開，即可飲用。

燕麥黑芝麻豆漿

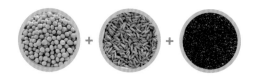

功效 消除疲勞，促進食欲，增強體質。

原料 黃豆40克，燕麥20克，黑芝麻10克。

調料 冰糖適量。

做法 1. 黃豆洗淨，用清水浸泡6小時至漲透；黑芝麻和燕麥用清水洗去灰塵和糠皮。

2. 將黑芝麻、燕麥和黃豆混合，放入豆漿機杯體中，加清水至上下水位線之間，然後按正確位置裝入機頭。

3. 插上電源，按下啟動鍵，經過反覆的打漿、加熱和熬煮，大約20分鐘燕麥黑芝麻豆漿即做好。

4. 將豆漿倒在杯內，調入冰糖，即可飲用。

養生叮嚀 **女性美容常識**

美麗和健康是人們永恆的追求，特別是女性，更是天性愛美。外在的包裝固然重要，但是由內而外散發出來的美才是最持久、最耐看的。吃出來的美比包裝出來的美更加自然，要想持久擁有健美的肌膚，愛美人士還需要懂得更多保健養生之道，多吃對皮膚有益的健康食品。

對肌膚有益的食物：

- **溫開水**：每天8～10杯，可保持皮膚豐潤光澤。
- **綠色蔬菜**：如莧菜、花椰菜、青菜等，含有大量維生素與礦物質。
- **西瓜、哈密瓜**：既補充水分又供給營養。
- **瘦肉、雞、魚**：提供豐富的蛋白質、鐵質。
- **粗糧、豆類**：供給皮膚所需特殊養分。
- **脫脂奶與低脂奶、乳酪**：熱量低且含鈣多，可潤澤皮膚，強壯筋骨。
- **柑橘類水果**：含豐富維生素C，防止面部微血管破裂與色素斑形成。
- **豬皮**：膠原蛋白及彈性蛋白含量頗多，可增強皮膚彈性。

雙仁糙米豆漿

 功效 ▶ 可使皮膚白皙、細膩、滑潤、富有彈性。

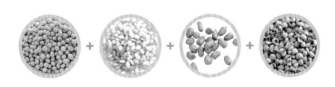

原料　黃豆、糙米各30克，花生仁、薏仁各10克。

調料　白糖適量。

做法　1. 黃豆和薏仁分別洗淨，用清水浸泡6小時；糙米和花生仁洗淨，用水泡2小時。

　　　2. 將黃豆、糙米、花生仁和薏仁一起放入全自動家用豆漿機杯體中，加清水至上下水位線之間。

　　　3. 機頭按正確位置放入杯體中，插上電源，按下啟動鍵，經過反覆的打漿、加熱和熬煮，20分鐘左右雙仁糙米豆漿即做好。

　　　4. 將豆漿過濾後倒在杯中，趁熱加入白糖調味，即可飲用。

黑芝麻花生豆漿

功效 烏髮養發，潤膚美顏，滋補肝腎，養血通乳。

原料 黃豆60克，帶皮花生仁15克，黑芝麻10克。

調料 冰糖2小塊。

做法 1. 黃豆洗淨，用清水浸泡6小時至漲透；帶皮花生仁和黑芝麻用水洗淨。

2. 花生仁、黑芝麻和黃豆混合，放入全自動豆漿機杯體，加入清水至上下水位線之間。

3. 機頭按正確位置放入杯體中，插上電源，按下啟動鍵，經過反覆的打漿、加熱和熬煮，十幾分鐘後即做成黑芝麻花生豆漿。

4. 把豆漿過濾後，趁熱加入冰糖調勻，即可飲用。

黑木耳紅棗豆漿

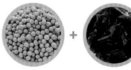

功效 可使肌膚紅潤，容光煥發，健美豐肌。

原料 黃豆50克，黑木耳10克，紅棗10顆。

調料 白糖適量。

做法 1. 黑木耳用冷水泡漲，挑洗乾淨，撕成小片。

2. 黃豆洗淨，用清水浸泡6小時至漲透；紅棗用溫水泡漲，洗淨去核，切成小丁。

3. 將所有材料放入豆漿機杯體內，再加入適量清水至上下水位線之間，正確裝入機頭。

4. 插上電源，按下啟動鍵，經過反覆的打漿、加熱和熬煮，十幾分鐘後做好豆漿，飲用時調入白糖即可。

紅棗小米豆漿

功效 益腎和胃，健脾生血。

原料 黃豆50克，小米25克，紅棗5顆。

做法 1. 黃豆去雜洗淨，用清水浸泡6小時至漲透。

2. 紅棗用清水泡半個小時，洗淨，除去棗核；小米用清水漂淨米糠和灰塵，瀝乾水分。

3. 將泡好的黃豆、紅棗和小米一起放入豆漿機杯體中，加適量清水至上下水位線之間，正確裝入機頭。插上電源，按下啟動鍵，經過反覆的打漿、加熱和熬煮，十幾分鐘後豆漿做好，再用豆漿濾網過濾即成。

蘋果榛仁豆漿

功效 ▶ 滋養氣血，明目，瘦身。

原料 黃豆60克，榛子仁25克，蘋果1個，黃瓜1根。

調料 白糖10克。

做法 1. 黃豆洗淨，用清水浸泡6小時至漲透，同適量水一起倒入攪拌機內打成豆漿，再過濾去渣。

2. 蘋果洗淨，去皮切塊；黃瓜洗淨，切塊。將兩者同榛子仁一起放入攪拌機內，加入100克水打成汁液。

3. 把過濾好的豆漿倒在淨鍋內，以小火煮10分鐘至熟。

4. 豆漿中再加入蘋果混合汁稍煮即成。

玫瑰豆漿

功效 ▶ 理氣解鬱，活血散淤。

原料 黃豆50克，白米20克，玫瑰花2朵。

調料 白糖適量。

做法 1. 黃豆洗淨，用清水浸泡6小時；白米洗淨，瀝乾水分；玫瑰花分瓣，洗淨瀝乾水分。

2. 將黃豆和白米一起放入豆漿機杯體中，加清水至上下水位線之間。

3. 正確裝入機頭，插上電源，按下啟動鍵，經過反覆的打漿、加熱和熬煮，十分鐘左右豆漿即做好。

4. 倒出豆漿，加入白糖調勻，再放入玫瑰花，即可飲用。

沙拉生菜豆漿

功效 ▶ 清肝養胃，有利於減肥。

原料 黃豆50克，生菜葉100克。

調料 無蛋黃沙拉醬5克。

做法 1. 黃豆去雜洗淨，用清水浸泡6小時。

2. 生菜葉用淡鹽水洗淨，切成小塊，同50克水放在榨汁機內榨取汁液，待用。

3. 將泡好的黃豆放入攪拌機中，加入適量水打成豆漿，過濾去渣。

4. 將豆漿倒入鍋中，以小火煮熟，加入生菜汁和無蛋黃沙拉醬，再次煮開，即可飲用。

南瓜山藥豆漿

功效 ▶ 能防止雀斑和老年斑的出現。

原料 黃豆50克，南瓜、山藥各25克。

做法 1. 黃豆洗淨，用清水泡6小時至漲透。

2. 南瓜和山藥分別洗淨，去皮，切成小丁。

3. 將黃豆、南瓜和山藥一起放入豆漿機杯體中，加清水至上下水位線之間，按正確位置裝入機頭。

4. 插上電源，按下啟動鍵，經過反覆的打漿、加熱和熬煮，十幾分鐘後豆漿做好，過濾後即可飲用。

桂圓枸杞豆漿

功效 ▶ 潤膚美容，補血安神。

原料 黃豆50克，乾桂圓肉25克，枸杞10克。

調料 冰糖2小塊。

做法 1. 黃豆洗淨，用清水浸泡6小時至漲透；乾桂圓肉和枸杞用溫水泡軟；冰糖打成碎末。

2. 將泡好的桂圓肉、枸杞、黃豆連同冰糖一同裝入全自動豆漿機的杯體內，加入浸泡桂圓和枸杞的水和適量清水至上下水位線之間。正確裝入機頭，插上電源，按下啟動鍵，經過反覆的打漿、加熱和熬煮，十幾分鐘後做好豆漿。

3. 把豆漿過濾後倒在杯內，即可飲用。

木瓜銀耳豆漿

功效 ▶ 健脾消食，滋陰潤肺，強心補腦。

原料 黃豆50克，黃木瓜30克，銀耳10克。

調料 冰糖2小塊。

做法 1. 黃豆洗淨，用清水浸泡6小時至漲透。

2. 黃木瓜去皮及籽，切成小丁；銀耳用冷水浸泡1小時，洗淨去蒂，撕成小片。

3. 黃豆、木瓜和銀耳放入豆漿機杯體，加清水至上下水位線間，按正確位置裝入機頭。

4. 插上電源，按下啟動鍵，經過反覆的打漿、加熱和熬煮，十幾分鐘後豆漿即做好。用濾網過濾，趁熱加入冰糖調勻即成。

桂花烏梅豆漿

功效 使津液充盈，美容養顏，抗衰老。

原料 黃豆60克，烏梅25克。

調料 桂花釀15克，白糖20克。

做法 1. 黃豆去雜質洗淨，用清水浸泡6小時至發軟；烏梅洗淨，用50克溫水泡軟。

2. 將黃豆、烏梅及適量水一併放入豆漿機杯體中，加清水至上下水位線之間，正確裝入機頭。

3. 插上電源，按下啟動鍵，經過反覆的打漿、加熱和熬煮，十幾分鐘後豆漿即做好。

4. 用過濾網過濾豆漿，加入桂花釀和白糖調勻即成。

萵苣黃瓜豆漿

功效 具有良好的減肥、美容功效。

原料 黃豆50克，萵苣100克，小黃瓜50克，檸檬半個。

做法 1. 萵苣和小黃瓜分別洗淨，切成小丁，榨取汁液，待用。檸檬擠出汁液，待用。

2. 黃豆淘洗乾淨，用清水泡6小時至漲透，放入豆漿機杯體中，加清水至上下水位線之間，裝入機頭。

3. 插上電源，按下啟動鍵，經過反覆的打漿、加熱和熬煮，十幾分鐘後豆漿即做好。

4. 用專用濾網過濾豆漿後，與萵苣黃瓜汁和檸檬汁調勻，即可飲用。

孕婦妊娠期需要各種營養素，因此多吃營養豐富的魚、肉、蛋等，對於孕婦和胎兒是十分必要的，但同時也不可忽略那些平時不為人注意而營養價值高，尤其對孕婦和胎兒有特別益處的食品。這裡介紹幾種以供參考：

- **水果**：孕婦多吃些水果，特別是新鮮水果，對補充自身和胎兒對維生素的需求是非常有利的。
- **小米**：小米有滋養腎氣、健脾胃、清虛熱等作用，是適宜孕婦常吃的營養價值較高的食品。
- **海魚**：海魚含有易被人體吸收的鈣、碘、磷、鐵等礦物質，是孕婦宜經常食用的美味佳餚。
- **鵪鶉**：鵪鶉肉對營養不良、體虛乏力、貧血頭暈者適用，故極適合孕婦食用。
- **核桃**：孕婦常吃核桃可防病健身，且有利於胎兒腦組織發育。
- **黑木耳**：黑木耳具有滋補大腦和強身的作用，是孕婦的補養佳品。
- **豆類**：孕婦適當多吃些大豆製品，可同時補充多種人體必需的營養素。
- **芝麻**：芝麻中含有豐富的鈣、磷、鐵及優質蛋白質，孕婦適當多吃芝麻，對自己、胎兒都十分有益。
- **花生**：花生具有醒脾開胃、理氣補血、潤肺利水和健腦抗衰等功效。需注意的是，花生紅衣具有促進凝血的作用，吃花生時最好不要去掉。

黑豆銀耳百合豆漿

原料　黑豆50克，銀耳、鮮百合各30克。

調料　冰糖10克。

做法　1. 黑豆浸泡10個小時，洗淨待用。銀耳用水泡發，挑洗乾淨，撕成小朵。百合挑洗乾淨，分瓣。

2. 上述原料一起倒入豆漿機，加水至合適位置，煮至豆漿機提示豆漿做好。

3. 過濾後加冰糖攪拌至化開即可。

功效　**黑豆 ＋ 銀耳 ＋ 百合**
滋陰潤肺，清心安神，緩解孕期妊娠反應和焦慮性失眠。

豌豆小米豆漿

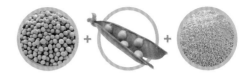

原料 黃豆60克，鮮豌豆、小米各30克。

調料 冰糖10克。

做法 1. 將黃豆浸泡10小時，洗淨待用。小米淘洗乾淨，用清水浸泡2個小時。豌豆洗淨。

2. 將上述原料一起倒入豆漿機中，加水至合適位置，煮至豆漿機提示豆漿做好。

3. 將豆漿過濾後加冰糖攪拌至化開即可。

養生叮嚀　產婦保健常識

　　產婦在坐月子期間應補充高熱量飲食，以補充分娩過程中消耗的大量熱量。多食用高蛋白飲食，可促進妊娠和分娩過程中身體疲勞的恢復和創傷修復；多吃一些富含維生素及無機鹽的食物，可補充血液和鈣質。

具體來説要注意以下幾點：

- **坐月子期間食物的選擇**：選擇坐月子期間食品時，可比平時多吃些雞、魚、瘦肉和動物的肝、腎、血等，牛肉、豬肝、豬腰、雞蛋中的蛋白質最適於促進乳汁分泌。豆類及豆製品雖不如動物性蛋白質，但也不可忽視。此外，還要多吃些新鮮蔬菜。

- **正常分娩坐月子期間飲食安排**：產後1～2天應進食易消化的流質或半流質食品。以後可根據產婦具體情況，採用營養豐富的滋補性食品提供普通飲食。

- **會陰切開產婦及剖宮產婦坐月子期間的飲食安排**：分娩時，若有會陰撕裂傷，應給予流質或半流質等少渣飲食5～6天，使不形成硬便，以免再度撕傷縫合的肛門括約肌。行剖腹產者，術後待腸胃功能恢復後，應給予流質1天，待產婦情況好轉後，改用半流質飲食1～2天，再轉入普通飲食。

紅豆紅棗豆漿

原料 黃豆50克，紅棗、紅豆各20克。

調料 冰糖10克。

做法 1. 黃豆浸泡10個小時，洗淨待用。紅棗洗淨、去核，切碎。紅豆淘洗乾淨，用清水浸泡6個小時。

2. 將上述原料一起倒入豆漿機中，加水至合適位置，煮至豆漿機提示豆漿做好。

3. 過濾後加冰糖攪拌至化開即可。

山藥南瓜豆漿

原料 黃豆50克，南瓜、山藥各20克，白米、小米、燕麥片各10克。

調料 冰糖10克。

做法 1. 黃豆浸泡10小時，洗淨待用。白米、小米淘洗乾淨，用清水浸泡2個小時。南瓜、山藥分別洗淨，去皮，切丁。

2. 將所有原料一起倒入豆漿機中，加水至合適位置，煮至豆漿機提示豆漿做好。

3. 過濾後加冰糖攪拌至化開即可。

養生叮嚀　嬰幼兒保健常識

　　寶寶生長發育較快，對營養需求相對較多。另外，由於此時期寶寶的胃腸道消化、吸收功能尚未發育完全，所以膳食宜以細、軟、爛，易於消化、咀嚼為主。

對嬰幼兒有益的食物：

- **穀類食物：** 1～3歲寶寶完全可以食用穀類食物，如米飯、饅頭、帶餡的包子、餛飩、餃子等，這些食物都會受寶寶們的歡迎。
- **鮮魚、乳製品及肉、蛋類：** 均能夠提供優質蛋白質、脂溶性維生素及微量元素，尤其是雞蛋，其營養價值高，易於消化，是嬰幼兒的首選輔食。豆製品是中國傳統食品，富含營養，是優質蛋白質來源。
- **蔬菜類：** 如油菜、白菜、菠菜、芹菜、胡蘿蔔、馬鈴薯、冬瓜等，均富含無機鹽與維生素，具有較高的營養價值。
- **水果類和堅果類：** 如西瓜、蘋果、橘子、香蕉、花生、核桃等，營養價值高。

核桃燕麥豆漿

原料 黃豆60克，燕麥10克，核桃仁15克。

調料 冰糖10克。

做法 1. 將黃豆浸泡10個小時，洗淨待用。燕麥淘洗乾淨，用清水浸泡2個小時。核桃仁碾碎待用。

2. 將上述原料一起倒入豆漿機中，加水至合適位置，煮至豆漿機提示豆漿做好。

3. 過濾後加冰糖攪拌，至化開即可。

功效 　**黃豆 ＋ 燕麥 ＋ 核桃**
增強記憶力，促進幼兒大腦發育。

核桃花生豆漿

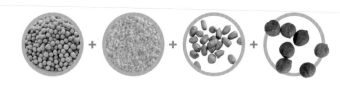

功效 安神補腦，補血養顏，增加記憶力。

原料 黃豆、白米各30克，花生、核桃仁各10克。

做法 1. 黃豆洗淨，用清水浸泡6小時至漲透。

2. 白米和花生分別洗淨，用清水泡2小時；核桃仁切碎。

3. 將所有材料放入豆漿機杯體內，再加入適量清水至上下水位線之間，按正確位置裝入機頭。

4. 插上電源，按下啟動鍵，經過反覆的打漿、加熱和熬煮，十幾分鐘後豆漿即好。

> **小叮嚀**
>
> ・花生和核桃仁炒過後再做豆漿，味道會更濃香。
>
> ・花生和核桃仁均為堅果，兩者混在一起營養更豐富。

芝麻核桃豆漿

功效 補腦益智，增強記憶力。

原料 黃豆60克，核桃仁20克，黑芝麻10克。

做法 1. 黃豆去雜洗淨，用清水浸泡6小時至漲透。

2. 黑芝麻洗淨晾乾，與核桃仁同放在乾燥的鍋內炒香，一起放入攪拌機內打成細粉。

3. 將泡好的黃豆和適量水一併放入家用攪拌機中打成豆漿，過濾去渣。

4. 將豆漿倒入淨鍋，以小火煮約10分鐘至熟，加入核桃芝麻粉煮一會兒，即可飲用。

蛋黃金菇豆漿

功效 健腦益智。

原料 黃豆、金針菇各50克，熟雞蛋黃2個。

做法 1. 黃豆洗淨，用清水浸泡6小時至漲透。

2. 金針菇洗淨，去根，切碎；熟蛋黃壓成細泥。

3. 將做法1和2的原料混合放入豆漿機杯體中，加清水至上下水位線之間，按正確位置裝入機頭。

4. 插上電源，按下啟動鍵，經過反覆的打漿、加熱和熬煮，十幾分鐘後豆漿即做好。

玉米豆漿

功效 保護視力，增強腦力和記憶力。

原料 黃豆、罐頭嫩玉米各50克。

調料 白糖適量。

做法 1. 黃豆洗淨，用清水泡6小時至發軟；嫩玉米從罐中取出，瀝乾汁水待用。

2. 將嫩玉米、黃豆及適量清水倒入家用攪拌機的桶內，加蓋接通電源，按鍵打成豆漿。

3. 取一塊淨紗布放於盆的上方，倒入打好的豆漿過濾去渣。

4. 把豆漿倒入淨鍋中，以小火煮約10分鐘至熟，加白糖調味即成。

蛋黃紫菜豆漿

功效 治療缺鐵性貧血，促進骨骼及牙齒的生長發育。

原料 黃豆40克，白米15克，紫菜10克，熟蛋黃10克。

調料 蔥5克，鹽、味精各適量。

做法 1. 黃豆洗淨，用清水泡漲。紫菜和白米洗淨。蔥切碎。熟蛋黃壓成細泥。

2. 全部材料一起放入豆漿機杯體，加入清水至上下水位線之間，按正確位置裝入機頭。

3. 插上電源，按下啟動鍵，經過反覆的打漿、加熱和熬煮，十幾分鐘後豆漿即好。

4. 在豆漿中加入鹽和味精調味，即可飲用。

蘿蔔黑豆漿

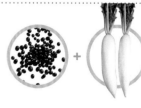

功效 提高智力，增強記憶力。

原料 黑豆、白蘿蔔各50克。

調料 香菇粉10克，鹽適量。

做法 1. 黑豆挑洗乾淨，換清水泡6小時至發軟；香菇粉放入碗中，注入50克熱水調成糊狀，待用。

2. 白蘿蔔洗淨，切丁，同泡好的黑豆和適量水倒在家用攪拌機內，蓋上蓋後，接通電源，按鍵打成豆漿。

3. 把豆漿過濾後倒入淨鍋，以小火煮10分鐘至熟，加入香菇粉和鹽煮3分鐘即可飲用。

海帶豆漿

原料 黃豆50克，水發海帶75克。

調料 鹽適量。

做法 1. 黃豆洗淨，用清水浸泡6小時至漲透。水發海帶洗淨沙粒，瀝乾水分，切成短絲。

2. 將黃豆和海帶一起放入全自動豆漿機杯體中，加鹽和適量清水至上下水位線之間，然後裝入機頭。

3. 插上電源，按下啟動鍵，待提示做好後，加鹽調味即可。

養生叮嚀 **更年期保健常識**

更年期是女性卵巢功能從旺盛狀態逐漸衰退到完全消失的一個過渡時期。更年期女性出現渾身燥熱、眩暈、心悸、眼前有黑點或四肢發涼等症狀，需要加強自我保健，以保證順利地渡過這一時期。

由於更年期婦女生理和代謝等方面發生一定變化，更年期飲食應注意以下方面：

· **增加蛋白質類食品的攝入量**：在人體所必需的20多種氨基酸中有8種是人體不能自己合成的，需要在食物中獲取。乳品、蛋、瘦肉、魚類和大豆中優質蛋白質含量豐富。

· **適量攝取碳水化合物**：碳水化合物大量存在於米、麵、豆類、水果、蔬菜和植物的根莖內。碳水化合物是提供熱量的來源，攝入過多則轉化為脂肪儲存起來。

· **補充含維生素類食物**：維生素存在於乳類、蛋、肉、豆類、水果、糧食、魚等食物中。

· **多吃富含Ω-3脂肪酸的食物**：可多吃亞麻籽，亞麻籽中含有的木酚素是植物雌激素，能延緩衰老，預防乳腺癌、子宮癌。

· **養成良好的飲食習慣**：應做到按時用餐，不偏食，不暴飲暴食。另外，女性更年期期間應盡量減少脂肪、膽固醇、鹽、酒和咖啡等物質的攝入，不宜吸煙。

水梨蓮藕豆漿

原料 黃豆60克，水梨1個，蓮藕30克

調料 冰糖10克。

做法 1. 將黃豆浸泡10個小時，洗淨待用。水梨洗淨，去皮，去核，切丁。蓮藕去皮，洗淨後切丁。

2. 將上述原料一起倒入豆漿機中，加水至合適位置，煮至豆漿機提示豆漿做好。

3. 過濾後加冰糖攪拌至化開即可。

糯米桂圓豆漿

原料 黃豆60克，桂圓肉、糯米各20克。

調料 冰糖10克。

做法 1. 黃豆浸泡10個小時，洗淨待用。糯米淘洗乾淨，用清水浸泡2個小時。桂圓肉洗淨，切碎待用。

2. 將上述原料一起倒入豆漿機中，加水至合適位置，煮至豆漿機提示豆漿做好。

3. 過濾後加冰糖攪拌至化開即可。

功效 **黃豆 + 桂圓 + 糯米**
改善煩燥、潮熱等更年期症狀。

　　男人最容易透支的就是健康，合理的飲食和良好的心態則是身體能夠承受重任的基礎。男性的健康要建立在正確的飲食習慣上。要吃得營養，吃得均衡，比如營養素的攝取，一日三餐的吃法等，都是男性要關注的重要問題。飲食和健康是息息相關的，特別是和血管疾病及癌症有關。根據統計，2/3的成年男性血液中的膽固醇都偏高。膽固醇偏高不但會引發心血管疾病，嚴重的還會導致中風。因此，遵循合理的飲食營養原則，對於保護男性的健康有著重要的意義。

對男性健康有益的營養素及主要來源和功效

- **食用一定量的鉻**：可增強機體的耐力。
- **食用富含纖維的食物**：可提高血管彈性。
- **食用含有鎂的食物**：可增強精子的活力。
- **食用含有維生素A、維生素B6的食物**：主要來源有肝、乳製品、魚類等。
- **多食富含維生素C的食物**：有助於延緩男性衰老。
- **多食用含維生素E的食物**：可提高精子的品質，杏仁和花生中含有豐富的維生素E。
- **食用含鋅的食物**：可保證男人的性能力，治療陽痿。
- **必須適量飲用水**：可保持男性健美。

韭黃豬腰豆漿

功效 ▶ 補腎壯陽，強筋健骨。

原料 黑豆50克，豬腰1只，韭黃50克。

調料 花椒數粒，鹽適量。

做法 1. 黑豆洗淨，用清水浸泡至漲透；豬腰撕去表層薄膜，剖開後剔淨中間白色腰臊，切成小丁。

2. 花椒放入小盆中，倒入200克開水泡5分鐘，撈出花椒，放豬腰丁泡10分鐘，用開水汆一下，撈出洗淨，擠乾水分；韭黃挑洗淨，切小段。

3. 將黑豆、豬腰和韭黃一起放入全自動家用豆漿機杯體中，加水至上下水位線之間。正確裝入機頭，插上電源，按下啟動鍵，經過反覆的打漿、加熱和熬煮，20分鐘後豆漿即做好。用豆漿專用濾網過濾豆漿，加鹽調味，即可飲用。

枸杞補腎豆漿

功效 ▶ 可治肝腎陰虛、腰膝酸軟等症。

原料 黑豆60克,枸杞30克。

做法 1. 黑豆洗淨,用清水浸泡6小時至漲透。

2. 枸杞洗淨,用100克溫水泡10分鐘。

3. 將泡好的黑豆和枸杞裝入豆漿機杯體中,加清水至上下水位線之間。

4. 正確裝入機頭,插上電源,按下啟動鍵,經過反覆的打漿、加熱和熬煮,十幾分鐘後枸杞豆漿即好。

> **小叮嚀**
> ·泡枸杞的水應該用於打豆漿。

咖啡豆漿

功效 ▶ 抗癌防癌。

原料 黃豆50克,即溶咖啡1包,蘆筍50克。

做法 1. 黃豆洗淨,用清水浸泡6小時至漲透。蘆筍洗淨,切段。

2. 將黃豆、蘆筍同放入豆漿機杯體中,加清水至上下水位線之間。正確放入機頭,插上電源,按下啟動鍵,經過反覆的打漿、加熱和熬煮,十幾分鐘後蘆筍豆漿即做好。

3. 將打好的豆漿過濾到大杯中。

4. 將即溶咖啡放在壺內,加入少量開水充分溶解,加入蘆筍豆漿中即可飲用。

三黑豆漿

功效 ▶ 活血,強筋,健骨。

原料 黑豆、黑米各50克,黑木耳10克。

調料 白糖適量。

做法 1. 黑木耳用冷水泡漲,挑洗乾淨,擠乾水分,切碎備用。

2. 黑豆洗淨,用清水泡6小時至漲透;黑米用清水浸泡2小時。

3. 將黑豆、黑米和黑木耳一起放入家用攪拌機中,加蓋,接通電源,按鍵打成豆漿。

4. 將豆漿過濾後倒在鍋中,大火燒開後轉小火煮約15分鐘,加白糖調味即成。

番茄山藥豆漿

功效 → 有利於增強抵抗力。

原料 黃豆50克，番茄50克，山藥30克。

調料 白糖適量。

做法 1. 黃豆洗淨，用清水浸泡6小時至漲透。

2. 番茄洗淨，切塊。山藥去皮，洗淨，切塊。

3. 將黃豆、番茄和山藥一起放入全自動家用豆漿機杯體中，加水至上下水位線之間，正確裝入機頭，插上電源，按下啟動鍵，經過反覆的打漿、加熱和熬煮，十幾分鐘後豆漿即做好。

4. 用濾網過濾豆漿後，倒在杯內，加白糖即可飲用。

枸杞小米豆漿

功效 → 治療肝腎陰虛、腰膝酸軟等症。

原料 黑豆30克，小米20克，枸杞20粒。

調料 白糖適量。

做法 1. 黑豆洗淨，用清水浸泡6小時至發軟。

2. 將黑豆、小米和枸杞混合放入豆漿機杯體中，加清水至上下水位線間。

3. 正確裝入機頭，插上電源，按下啟動鍵，經過反覆的打漿、加熱和熬煮，10分鐘左右即可製作完畢。

4. 倒出豆漿，加入白糖調勻，即可飲用。

時尚果味豆漿

　　在打磨豆漿的過程中，加入新鮮的水果和堅果類食物，就能製成果味豆漿。果味豆漿好喝易吸收，不僅含有傳統豆漿的所有營養，而且含有豐富的天然水果營養成分，色澤誘人，口感極佳，深受時尚人士的推崇和喜愛。

推薦食材　芒果

營養與保健

- 芒果含蛋白質、糖類、膳食纖維、胡蘿蔔素、維生素B群、維生素C、鈣、磷等營養成分。
- 芒果具有益胃止嘔、解渴利尿等功效，適用於口渴咽乾、食欲不振、消化不良、暈眩嘔吐、咽痛音啞、咳嗽痰多、氣喘等症。

食用指南

- 自然成熟的芒果，顏色不十分均勻，大多在表皮上能聞到一種果香味，芒果有硬度、有彈性。催熟的芒果只有小頭尖處果皮翠綠，其他部位果皮均發黃，味淡或有異味，整體較軟。
- 儲存時，將沒有成熟的芒果裝進一個紙盒子中，然後放在廚房的角落裡，這樣可以保存十幾天，但過一段時間要將仍未吃完的放進冰箱裡保存。

香芒豆漿

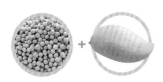

原料　黃豆50克，芒果60克。

調料　冰糖適量。

做法　1. 黃豆用清水浸泡6小時，洗淨備用。

　　　2. 將泡好的黃豆放入豆漿機內，加適量清水至上下水位線之間，機頭按正確位置放入杯體中，再按下啟動鍵，經過反覆的打漿、加熱和熬煮，十幾分鐘後豆漿即做好。

　　　3. 打豆漿的同時將芒果洗淨去皮，切成小塊，放入榨汁機中打成汁，加少許冰糖調勻。

　　　4. 將打好的豆漿過濾，再倒入調好味的芒果汁攪勻即可。

水梨豆漿

原料 黃豆50克，水梨1個。

做法 1. 黃豆用清水浸泡6小時，洗淨備用。

2. 將水梨用淡鹽水洗淨，一切為二，挖去籽核，連皮切成小塊。

3. 把泡好的黃豆和切好的梨塊，放入豆漿機杯體中，加適量清水至上下水位線之間，機頭按正確位置放入杯體中，插上電源，再按下啟動鍵，經過反覆的打漿、加熱和熬煮，十幾分鐘後豆漿即做好。

4. 用豆漿濾網過濾豆漿，即成水梨豆漿。

推薦食材 **龍眼**

- 龍眼又稱龍目、亞荔枝、桂圓。龍眼果肉含全糖、還原糖、全酸、維生素C、維生素K。龍眼除鮮食外，還可加工製成果乾、製罐頭、熬醬等。

- 龍眼能夠入藥，有壯陽益氣、補益心脾、養血安神、潤膚美容等多種功效，可治療貧血、心悸、失眠、健忘、神經衰弱及病後、產後身體虛弱等症。現代醫學實踐證明，它還有美容、延年益壽之功效。

龍眼豆漿

原料 黃豆50克，龍眼8顆。

調料 冰糖適量。

做法 1. 黃豆洗淨，用清水浸泡6小時至漲透；龍眼剝殼，洗淨，去除內核。

2. 將泡好的黃豆與龍眼肉一起放入全自動豆漿機杯體中，加清水至上下水位線之間。

3. 機頭按正確位置放入杯體中，插上電源，再按下啟動鍵，經過反覆的打漿、加熱和熬煮，十幾分鐘後豆漿即做好。

4. 用豆漿濾網過濾豆漿，即成龍眼豆漿。

西瓜

- 西瓜含葡萄糖、蔗糖、果糖、蘋果酸、瓜氨酸、穀氨酸、精氨酸、磷酸、丙酸、乙二醇、甜菜鹼、腺嘌呤、蘿蔔素、胡蘿蔔素、番茄烴、六氫番茄烴、維生素B群、維生素C和醛類等。
- 西瓜味道甘甜多汁，清爽解渴，是盛夏的佳果，既能祛暑熱煩渴，又有很好的利尿作用，因此有「天然的白虎湯」之稱。西瓜果肉有清熱解暑、解煩渴、利小便、解酒毒等功效，可用來治一切熱症及暑熱煩渴、小便不利、咽喉疼痛、口腔發炎、酒醉等症。

西瓜豆漿

原料 黃豆75克，西瓜200克。

調料 冰糖適量。

做法 1. 西瓜去籽，切成小塊，放入榨汁機中榨出西瓜汁。

2. 黃豆挑去雜質，洗淨，用清水浸泡6小時。

3. 將泡好的黃豆放入豆漿機杯體中，加清水至上下水位線之間，機頭按正確位置放入杯體中，插上電源，再按下啟動鍵，經過反覆的打漿、加熱和熬煮，十幾分鐘後豆漿即做好。

4. 用豆漿濾網過濾豆漿，加入西瓜汁和冰糖調勻，即成西瓜豆漿。

蘋果

- 蘋果含有多種維生素、礦物質、糖類、脂肪等營養素。其性味甘酸而平，微鹹，無毒，具有生津止渴、和胃降逆、潤肺除煩、健脾益胃、養心益氣、潤腸、止瀉、解暑、醒酒等功效。
- 蘋果中的維生素C是心血管的保護神、心臟病患者的健康元素。蘋果中的纖維，能促進兒童的生長及發育。蘋果中的鋅對兒童的記憶有益，能增強兒童的記憶力。蘋果能有效地降低膽固醇。蘋果還能防癌，防鉛中毒。蘋果中的膠質和微量元素鉻能保持血糖的穩定，所以蘋果不但是糖尿病患者的健康小吃，而且是一切想要控制血糖的人必不可少的水果。但蘋果中的酸能腐蝕牙齒，吃完蘋果後最好漱口。

蘋果豆漿

原料 黃豆50克，蘋果1個，檸檬半個。

做法 1. 黃豆洗淨，用清水浸泡6小時至漲透。

2. 蘋果用淡鹽水洗淨，連皮切塊；檸檬擠出汁液，待用。

3. 將黃豆和蘋果塊一起放入豆漿機杯體中，加水至上下水位線間，機頭按正確位置放入杯體中，插上電源，再按下啟動鍵，經過反覆的打漿、加熱和熬煮，十幾分鐘後豆漿即做好。

4. 用豆漿濾網過濾豆漿，倒在杯中，滴入檸檬汁，拌勻即可飲用。

推薦食材 **香蕉**

・香蕉營養高、熱量低，含有稱為「智慧之鹽」的磷，又有豐富的糖、鉀、胡蘿蔔素、硫胺素、核黃素和維生素C，同時膳食纖維也多，是相當好的營養食品。其中胡蘿蔔素在體內會轉化成維生素A上，能促進生長，增強對疾病的抵抗力，是維持正常的生殖力和視力所必需的；硫胺素能抗腳氣病，促進食欲，助消化，保護神經系統；核黃素能促進人體正常生長和發育。香蕉味甘性寒，具有清熱解毒、潤腸通便、潤肺止咳、降低血壓的功效，最適合燥熱人士享用。痔瘡出血者、因燥熱而致胎動不安者，都可生吃香蕉肉。因香蕉可促進腸胃蠕動，故脾虛泄瀉者不宜食用。寒咳者不應吃香蕉，但將香蕉蒸熟再吃，則可接受。

香蕉豆漿

原料 綠豆、香蕉各50克。

調料 冰糖適量。

做法 1. 綠豆挑洗乾淨，用清水浸泡2小時；香蕉剝皮，切成小片。

2. 將綠豆和香蕉片一同放入豆漿機杯體內，加入適量清水至上下水位線之間。

3. 機頭按正確位置放入杯體中，插上電源，再按下啟動鍵，經過反覆的打漿、加熱和熬煮，十幾分鐘後即做好豆漿。

4. 把做好的豆漿用濾網過濾，倒入杯中，加入冰糖調勻，即可飲用。

葡萄

- 葡萄中含有礦物質鈣、鉀、磷、鐵、蛋白質以及維生素B_1、維生素B_2、維生素B_6、維生素C和維生素P等，還含有多種人體所需的氨基酸。常食葡萄對神經衰弱、疲勞過度者大有神益，此外它還含有多種具有生理功能的物質。把葡萄製成葡萄乾後，糖和鐵的含量會相對提高，是婦女、兒童和體弱貧血者的滋補佳品。中醫認為，葡萄味甘微酸、性平，具有補肝腎、益氣血、開胃力、生津液和利小便之功效。葡萄中的多量果酸有助於消化，適當多吃些葡萄，能健脾和胃。

葡萄小米綠豆漿

原料 綠豆、小米各30克，葡萄乾20克。

做法 1. 綠豆挑洗乾淨，用清水浸泡2小時；小米用清水漂洗淨糠皮，瀝乾水分；葡萄乾洗淨，用熱水泡軟。

2. 將小米、葡萄乾和泡好的綠豆，混合放入豆漿機杯體中，加清水至上下水位線之間。

3. 機頭按正確位置放入杯體中，插上電源，再按下啟動鍵，經過反覆的打漿、加熱和熬煮，十幾分鐘後即做好豆漿。

4. 把做好的豆漿用濾網過濾，倒入杯中，即可飲用。

芭樂

- 芭樂含有蛋白質、脂肪、糖類、胡蘿蔔素、維生素B群、維生素C、鈣、磷、鐵等營養素。芭樂營養價值豐富，單以維生素C而言，就比柑橘、香蕉、木瓜、番茄、西瓜、鳳梨都高，鐵、鈣、磷含量也豐富，種子中鐵的含量更勝於其他水果，所以最好能一起吃下去。芭樂性溫，味甘、澀、酸，無毒，具有收斂止瀉、止血、止癢的功效，主治泄瀉、久痢、濕疹、創傷出血等症。多吃芭樂可以預防老化，排除體內毒素。食用芭樂還可增加食欲，促進兒童生長發育。

芭樂油菜豆漿

原料 黃豆、油菜各50克，芭樂半個。

做法 1. 芭樂和油菜洗淨，切成小塊，榨汁備用。

2. 黃豆用清水浸泡6小時至漲透，放入豆漿機杯體內，再加入適量清水至上下水位線之間。

3. 機頭按正確位置放入杯體中，插上電源，再按下啟動鍵，經過反覆的打漿、加熱和熬煮，十幾分鐘後即做好豆漿。

4. 做好的豆漿用濾網過濾，取150毫升倒入杯中，加入榨好的果蔬汁調勻即可飲用。

豆漿的妙用

豆漿冰糖米粥

原料 黃豆85克，白米50克

調料 冰糖50克。

做法 1. 將黃豆製作成黃豆漿。

2. 再將黃豆漿與米（已浸泡半個小時）、冰糖一起放入鍋內，慢火熬煮至黏稠狀即可。

功效 **黃豆 + 白米**
養顏潤肺，益肺氣。

小叮嚀

・白米是提供維生素B群的主要來源，具有補脾和胃、益氣養陰、清肺潤燥等功效。

・有小孩的家庭，可以僅用白米打製出米糊或米漿，不僅好吃還利於寶寶消化。

醬油黑豆漿

原料 黑豆漿500毫升，油條1根，榨菜15克。

調料 蔥、香油、醬油各適量。

做法 1. 將黑豆漿盛入不銹鋼鍋中燒開，備用。

2. 榨菜先洗淨，再切成碎末。蔥先洗淨，再切成蔥花。

3. 油條切成小段，與榨菜末、蔥花、醬油、香油一起盛放在小碗中，將煮開的黑豆漿沖入油條碗中拌勻即成。

小叮嚀

・黑豆漿可調整血糖代謝，即使是糖尿病患者仍可適量攝取。

黑芝麻糊

原料 黃豆60克，黑芝麻20克。

調料 冰糖適量。

做法 1. 將黃豆浸泡6個小時，備用。

2. 將黑芝麻與泡好的黃豆一起放入豆
   漿機，加入適量水，打碎煮熟，再
   用豆漿濾網過濾。

3. 豆漿稍涼後，加入冰糖調味即可。

 功效 **黃豆+黑芝麻**
養顏美容，益智健腦。

小叮嚀

· 辨別真假黑芝麻的方法其實很簡單，只要找出一個斷口的黑芝麻，看斷口部分的
顏色即可。如果斷口部分也是黑色的，那就說明是染色的；如果斷口部分是白色
的，那就說明這種黑芝麻是真的。或者在買黑芝麻時，將芝麻在濕紙巾上揉搓，
不掉色的是真貨，否則可能是假貨。

豆漿南瓜羹

原料 豆漿250克，南瓜200克，葡萄乾數粒。

做法 1. 南瓜去皮，切成薄片，放入蒸鍋中蒸10分鐘。

2. 將豆漿倒入小鍋中煮一會兒，再倒入蒸好的南瓜片，一邊煮一邊攪拌，將南瓜片搗
   爛與豆漿融合，一直煮至黏稠即可。

3. 將豆漿南瓜羹盛入碗中，點綴幾粒葡萄乾即可食用。

小叮嚀

· 南瓜事先蒸熟，可使其在豆漿中更易搗爛。也可直接將生南瓜片放入豆漿煮熟後
搗爛，南瓜片要切得薄一些。

· 南瓜本身已有甜味，所以不需再加糖。

豆漿蒸米飯

原料 豆漿3杯，白米1碗。

做法 用豆漿替代白水加入電鍋中煮米飯。
可使米飯質地更加可口，味道更加清
香，充分發揮豆和米的營養互補作用。

3

Tofu

豆腐・豆製品

五花八門豆製品

豆腐渣

豆腐渣為製豆腐時，濾去漿汁後所剩下的渣質，是膳食纖維中最好的纖維素，被稱為「大豆纖維」。豆腐渣中豐富的食物纖維，有預防腸癌及減肥的功效，因而豆腐渣被視為一種新的保健食品。

1 豆腐渣的營養成分

隨著科學的發展，人類文化素質的提高，人們已從營養學的角度開始重新認識豆腐渣。經研究證明，大豆中較大一部分營養成分殘留在豆渣中，一般豆腐渣含水分85％，蛋白質3.0％，脂肪0.5％，碳水化合物（纖維素、多糖等）8.0％。此外，豆腐渣還含有鈣、磷、鐵等礦物質。食用豆腐渣，能降低血液中膽固醇含量，減少糖尿病人對胰島素的消耗。

2 豆腐渣的養生功效

防治便秘

豆腐渣中含有大量食物纖維，常吃豆腐渣能增加糞便體積，使糞便鬆軟，促進腸蠕動，有利於排便，防治便秘、肛裂、痔瘡和腸癌。

降脂作用

豆腐渣中的食物纖維能吸附隨食物攝入的膽固醇，從而阻止了膽固醇的吸收，有效地降低血液中膽固醇的含量，對預防血黏度增高、高血壓、動脈粥樣硬化、冠心病、中風等病症的發生都非常有利。

降糖作用

豆腐渣除含食物纖維外，還含有粗蛋白質、不飽和脂肪酸，這些物質有利於延緩腸道對糖的吸收，降低餐後血糖的上升速度，對控制糖尿病患者的血糖十分有利。

減肥作用

豆腐渣具有高纖維、高粗蛋白、低脂肪、低熱量的特點，食後不僅容易產生飽腹感，而且其熱量比其他食物低，有助於減肥。

抗癌作用

據測定，豆腐渣中含有較多的抗癌物質，經常食用能大大降低乳腺癌、胰腺癌及結腸癌的發病率。

此外，豆腐渣中鈣的含量也很多，且容易消化吸收，因此，常食豆腐渣對防治中老年人骨質疏鬆症極為有利。

---

3 豆腐渣美食

家常小豆腐

原料 雞蛋2個，豆渣、蝦皮各適量。

調料 蔥、薑、鹽、味精、花生油各適量。

做法 1. 蔥、薑、蝦皮分別洗淨，瀝乾。

2. 蔥切蔥花，薑切末，備用。雞蛋打散成蛋液。

3. 鍋入油燒熱，加入蔥花、薑末爆香，將豆渣倒入鍋內翻炒一會兒，加入蝦皮，倒入雞蛋液，繼續翻炒3～5分鐘，加入鹽、味精調味，小豆腐就做好了。

> **小叮嚀**
>
> • 蝦皮營養豐富，每100克含鈣量高達991毫克，素有「鈣的倉庫」之稱，補鈣效果極佳。

豆渣雞蛋餅

原料 豆渣100克，雞蛋3個。

調料 蔥花、鹽、植物油各適量。

做法 1. 將豆渣裝入盆中，打入雞蛋，將鹽、蔥花及植物油加入攪拌均勻。

2. 將少許油倒入鍋中，待油熱後將準備好的豆渣雞蛋倒入其中攤平，煎4～5分鐘後即可食用。

> **小叮嚀**
>
> ·尤其適合厭食、肥胖或營養不良的兒童和老人食用。

香椿豆渣餅

原料 香椿、雞蛋、豆渣、麵粉、太白粉各適量。

調料 鹽、雞粉、胡椒粉、植物油各適量。

做法 1. 香椿洗淨，汆燙後切成碎末。

2. 將油以外的所有用料拌勻，再加水拌勻成糊。根據個人口感，喜歡吃薄餅的就調稀點，喜歡吃厚餅的就調稠點。

3. 先將少許油倒入鍋內，待油熱後，倒入香椿豆渣糊攤平，煎到兩面泛金黃色即成。還可以配青菜、炒菜或配醬來食用。

> **小叮嚀**
>
> ·香椿使用前，一定要先汆燙。

豆渣丸子

功效 ▶ 補虛強身。

原料　瘦肉100克，雞蛋2個，豆渣、青菜、麵粉各適量。

調料　鹽適量。

做法　1. 青菜洗淨瀝乾，待用。

2. 雞蛋打入碗中，打散成蛋液。

3. 瘦肉和青菜分別切碎，倒入盆中，與豆渣、雞蛋液、麵粉一起攪勻，調入鹽，做成丸子，入開水鍋煮熟即可。

素炒豆渣

原料　豆渣、香菇、胡蘿蔔各80克，金針菇50克，芹菜100克。

調料　薑末、鹽、白糖、胡椒粉、花生油各適量。

做法　1. 胡蘿蔔洗淨，切絲。芹菜洗淨，切段。金針菇洗淨，去蒂。香菇泡發好後切片。

2. 炒鍋加油燒熱，下入薑末、豆渣炒香，加入香菇片、胡蘿蔔絲、芹菜段、金針菇炒勻，添適量水，加入鹽、白糖、胡椒粉炒勻即可。

豆渣小炒

原料　雞蛋2個，豆渣、黑木耳、枸杞、熟芝麻各適量。

調料　蔥花、鹽、植物油各適量。

做法　1. 黑木耳用清水泡發好，去蒂，洗淨。雞蛋打散成蛋液，備用。

2. 鍋內加入油燒熱，爆香蔥花，加入豆渣、黑木耳，轉小火慢慢炒散炒勻。

3. 將打散的雞蛋液淋入鍋內，翻炒至蛋熟。

4. 轉大火，鍋內加入枸杞，撒芝麻，加鹽調味，炒勻，出鍋裝盤即成。

五豆窩頭

原料 五豆豆渣100克，玉米粉40克。

做法 將五豆豆渣放入盆中，加入玉米粉和適量水，攪拌均勻，捏成窩頭，入鍋蒸10分鐘即可。

小叮嚀

· 五豆窩頭營養豐富，具有降脂、補腦、降壓等多種作用，中老年人經常食用對保健養生大有益處。

豆渣黑芝麻餅乾

原料 麵粉100克，牛奶50毫升，豆渣50克。

調料 糖40克，奶油40克，泡打粉、鹽、黑芝麻各適量。

做法 1. 奶油加糖打發。

2. 將所有粉類材料混合，過篩後加入打發好的奶油中，再加入牛奶、豆渣、芝麻，揉成麵團。

3. 用湯匙將麵團隨意舀在烤盤上，入烤箱，以200℃烤約20分鐘，烤至餅乾表面呈金黃色即可。

蔬菜豆渣餅

原料 雞蛋1個，豆渣、芹菜、胡蘿蔔、洋蔥、麵粉各適量。

調料 胡椒粉、鹽各3克，植物油適量

做法 1. 芹菜、胡蘿蔔、洋蔥分別洗淨，切末。

2. 雞蛋打散成蛋液，與豆渣一起攪拌均勻，加入蔬菜末攪拌，再加1勺麵粉，以胡椒粉和鹽調味，放入鍋內，用少許油煎熟即可。

洋蔥番茄豆渣餅

原料　豆渣1碗，麵粉1碗，小番茄2個，雞蛋2個，洋蔥半個。

調料　鹽、白糖、五香粉、胡椒粉、油各適量。

做法　1. 將洋蔥、番茄分別切成小粒，盛入盆中，再打入雞蛋，加入豆渣，用
　　　　　筷子攪勻。

　　　2. 盆中繼續加入麵粉，再逐量加入少許清水，攪勻成略稠的糊狀，加入
　　　　　鹽、白糖、五香粉、胡椒粉拌勻，放置10分鐘。

　　　3. 鍋入少許油，小火加熱，再用湯匙舀1匙麵糊倒入鍋中，慢慢煎至餅的
　　　　　周邊開始變硬。輕輕地翻面，用鍋鏟輕壓餅，煎至兩面金黃即可。

豆腐

　　豆腐是中國的一種古老傳統食品，在一些古籍中（如明代李時珍的《本草綱目》）都有記載。中國人首開食用豆腐之先河，在人類飲食史上，樹立了嘉惠世人的豐功。豆腐不僅是味美的食品，還具有養生的作用。五代時人們就稱豆腐為「小宰羊」，認為豆腐的白嫩與營養價值可與羊肉相提並論。

1 豆腐的營養成分 【豆腐每百克含】

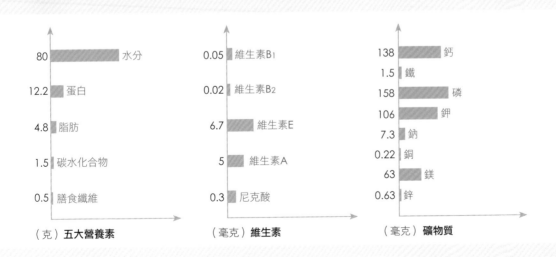

五大營養素（克）
- 80　水分
- 12.2　蛋白
- 4.8　脂肪
- 1.5　碳水化合物
- 0.5　膳食纖維

維生素（毫克）
- 0.05　維生素B1
- 0.02　維生素B2
- 6.7　維生素E
- 5　維生素A
- 0.3　尼克酸

礦物質（毫克）
- 138　鈣
- 1.5　鐵
- 158　磷
- 106　鉀
- 7.3　鈉
- 0.22　銅
- 63　鎂
- 0.63　鋅

2 豆腐的養生功效

豆腐性涼，味甘，具有益氣和中、生津潤腸、清熱解毒、利水消腫等功效，豆腐還能主治氣血不足，脾肺兩虛。現代研究表明，豆腐具有醫療保健作用。它含有人體必需的8種氨基酸，可降低血液中的膽固醇含量，減少動脈硬化的機會。嫩豆腐中還含有大豆磷脂，是生命活動的重要物質基礎，對人體細胞的正常活動和新陳代謝起著重要的作用。對高血壓、動脈硬化、冠心病等病症有一定的輔助療效，是全球公認的「國際性保健食品」。

優質的豆腐切面比較整齊，無雜質，豆腐本身有彈性；劣質豆腐則切面不整齊，有時還嵌有雜質，容易破碎，表面發黏。

3 家庭自製豆腐

原料 黃豆500克，鹽鹵適量。

做法 1. 將黃豆用清水浸泡8個小時，充分泡漲。

2. 將黃豆與水按1：5的比例磨成豆漿，500克黃豆需要加水2500毫升。

3. 將磨好的豆漿用過濾網過濾掉細渣。

4. 選一個厚底的不銹鋼鍋，倒入少許清水煮沸，再倒入豆漿煮製。

5. 將鍋中的浮沫撇去，煮開鍋後再續煮5分鐘，全過程大約需要15分鐘。

6. 將煮好的豆漿涼至80～90℃，待豆漿表面凝結一層黃色的皮時，即可開始點鹽鹵。

7. 按1：4的比例將鹽鹵用純淨水化開，裝入紮有小孔的飲料瓶內，按每分鐘30～40滴的速度滴到豆漿裡，邊滴邊攪拌，每滴一滴用筷子攪一圈再滴下一滴，如此操作15分鐘。隨著鹽鹵的滴入，豆漿中會出現絮狀的凝結。

8. 將豆腐模鋪上用水浸濕的細紗布，模具放到盛水的容器上。將點好的已形成豆花狀的豆漿盛入模具內，用細紗布包好。

9. 將豆腐模蓋上蓋，壓上重物，20分鐘後豆腐就做好了。想吃嫩豆腐，鹽鹵要少放一點，壓豆腐的時間短一些，反之，則製成的豆腐較老。

> **小叮嚀**
>
> ・鹽鹵有劇毒，應放於兒童不易取得的安全處，以免引起不必要的麻煩。

3 南豆腐

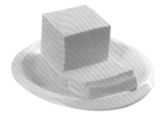

- **特點**：又稱石膏豆腐（東北地區稱暖豆腐），它使用的成型劑是石膏液，與北豆腐相比，質地比較軟嫩、細膩。
- **烹調指南**：平時我們去超市買的成盒的豆腐，都是南豆腐，水分比較多，也比較嫩，不適合炒菜，但可以用來做湯。飯館裡的青蔥拌豆腐，用的也是南豆腐。

多菌豆腐湯

原料 多菌菇150克，豆腐100克，黃瓜適量。

調料 沙拉油、鹽、味精、蔥、薑、香油、高湯各適量。

做法 1. 豆腐切條；浸泡多菌菇，洗淨備用。

2. 鍋置火上，放入多菌菇汆燙，撈起沖淨，備用。

3. 鍋置火上，入油燒熱，蔥、薑煸炒片刻出香，放入多菌菇略炒幾下，倒入高湯，放入豆腐，調入鹽、味精燒沸至熟，淋香油，撒上黃瓜片即可。

麻醬拌豆腐

原料 豆腐300克，芝麻醬適量。

調料 豆瓣醬、醬油、味精、辣椒粉、熟香油、熟素油、蔥花、鹽各適量。

做法 1. 豆瓣醬剁碎，加味精、鹽、醬油、蔥花、熟香油、熟素油、辣椒粉、芝麻醬後，再拌成汁。

2. 豆腐切成3公分長、2公分寬，放入鍋內，加適量水，燒開即起鍋盛入盤中，澆入料汁即可上桌。

> **小叮嚀**
>
> ·豆腐特別適合老人、孕產婦、兒童，更年期、病後調養、肥胖、皮膚粗糙、腦力工作、經常加夜班者食用。

4 北豆腐

- **特點**：或稱北方豆腐，又稱老豆腐、硬豆腐。北豆腐是用鹽鹵作凝固劑製成的豆腐，特點是硬度、彈性、韌性較南豆腐強，含水量較南豆腐低，一般在80～85％之間，口味較南豆腐香，切面不如南豆腐細滑。
- **烹調指南**：超市現做的那種一塊塊的豆腐，基本上都是北豆腐，看上去比較老，可以用來炒菜。

酸辣湯

原料　鹽鹵豆腐100克，香菇2朵，粉絲10克，雞胸肉30克，雞蛋1個。

調料　沙拉油、鹽、味精、雞精、胡椒粉、醋、蔥花、薑末、太白粉水、香油、香菜、醬油各適量。

做法　1. 將豆腐、香菇、雞胸肉均切成絲；粉絲切段。

　　　2. 鍋入油燒熱，蔥、薑熗香，放入香菇、雞胸肉煸炒至熟，烹入醬油，放入鹽鹵豆腐、粉絲，倒入水，調入鹽、味精、雞精，勾芡，打入雞蛋，關火，調入胡椒粉、醋、香油攪勻，撒入香菜即可。

煎炒豆腐

原料　豆腐300克。

調料　鹽、味精、胡椒粉、香油、大豆油、乾辣椒絲、香菜段、蔥花各適量。

做法　1. 豆腐用蒸鍋蒸透，晾涼後切粗條。

　　　2. 鍋內加油燒熱，放入豆腐煎至表面呈金黃色。

　　　3. 將豆腐推向一旁，放入乾辣椒絲、蔥花、香菜段炒透，加入鹽、味精、胡椒粉調味炒勻，淋香油即可出鍋。

> **小叮嚀**
>
> · 將豆腐放鹽水中浸泡30分鐘，取出擦乾水分，切條後入鍋中以小火慢煎，先煎一面，外皮呈金黃色且定型後再翻面續煎，這樣煎出的豆腐不易碎。

5 內酯豆腐

- **特點**：是用葡萄糖酸-δ-內酯為凝固劑生產的豆腐。改變傳統用鹽鹵點豆腐的製作方法，可減少蛋白質流失，使豆腐的保水率提高，比常規方法高出近1倍，且豆腐質地細嫩、有光澤，口感好，清潔衛生。

- **烹調指南**：內酯豆腐既軟又嫩，不能用於烹炒，多用來做蒸菜或湯菜。

家常豆腐

原料　內酯豆腐300克，雞蛋100克，菠菜250克。

調料　沙拉油、鹽、味精、辣椒油各適量。

做法　1. 將菠菜挑洗乾淨，瀝乾水分，切碎。

2. 內酯豆腐放入容器中，打入雞蛋，調入鹽、味精、菠菜碎，抓勻備用。

3. 淨鍋上火，入油燒熱，滑一下鍋後將油倒出，放入調好的內酯豆腐小火炒至熟，起鍋裝盤，上面淋入辣椒油即可。

山椒白玉鍋

原料　內酯豆腐500克，泡椒50克，紅辣椒25克。

調料　味精、鹽、香油、鮮湯各適量。

做法　1. 內酯豆腐切方塊備用。紅辣椒切末。

2. 泡椒切末，泡椒汁留用。

3. 鍋內加鮮湯燒開，放入泡椒汁、泡椒末、紅辣椒末、豆腐塊，加鹽、味精調味，淋上香油即可。

> **小叮嚀**
>
> · 豆腐變乾後易碎，放入水中冷藏保存較好；或放入冷凍庫製成凍豆腐。沒有外包裝的傳統豆腐容易變質，購買後應儘快浸泡於水中冷藏保存。切記從冰箱取出的豆腐要在4小時內食用完。豆腐最好在購買當天食用完畢。

6 油豆腐

- **特點**：是將豆腐油炸而成的食材，表面有一層油脂會阻擋調料滲入油豆腐內，口感不柔軟。因此烹調前可先將油豆腐入滾水中汆燙1～2分鐘去除油分，避免油豆腐縮水。少量的話也可以放在漏勺上，用熱水沖淋兩面去油。

- **烹調指南**：將油豆腐汆燙去油，使之柔軟膨脹，能更容易吸收調料入味。燒製時，加入的湯汁濃稠一點，也會更易入味。

豆腐嫩雞煲

原料 油豆腐150克，雞肉600克，芹菜末50克。

調料 鹽、醬油、料酒、白糖、味精、植物油、香油、雞湯、蔥花、薑末、鹼各適量。

做法 1. 雞肉洗淨血污，斬成均勻的塊。油豆腐放入沸水鍋中，加鹼泡軟後撈出，用清水洗去鹼味，瀝乾。

2. 上鍋，放油燒至五成熱，將蔥花和薑末爆香，投入雞塊煸炒至雞塊斷生、皮起皺，加入料酒和醬油炒上色，下鹽、白糖、油豆腐和雞湯，用大火燒沸，倒入煲內。

3. 煲加蓋，用小火煨15分鐘至雞塊酥透，轉用大火滾濃鹵汁，撒上芹菜末和味精，淋入香油，加蓋稍燜即成。

油豆腐釀肉

原料 油豆腐100克，豬絞肉（肥瘦）100克，荸薺20克，豌豆苗50克，青豆20克。

調料 太白粉、香油、雞精、鹽、胡椒粉、高湯各適量。

做法 1. 荸薺切碎，用紗布包住擠乾水分，加入絞肉、鹽、雞精、香油、太白粉、胡椒粉拌勻做成肉餡。

2. 從油豆腐中間挖出豆腐，呈中空狀（小心不要弄破豆腐皮），塞入肉餡，青豆放肉餡上，做成豆腐包。

3. 豆腐包蒸約20分鐘，同時用另一鍋加高湯、豌豆苗後勾芡，淋在豆腐包上即可。

- **特點**：豆花，全名豆腐花，又稱豆腐腦或豆凍，是由黃豆漿凝固後形成的中式食品。豆花主要分為甜、鹹兩種吃法。廣東、福建、臺灣地區通常加入糖水或黑糖水食用。北方常加入肉餡，亦有沿海地帶就近使用海產，如海帶絲、紫菜、蝦皮，甚至有放入麻醬、辣椒油、香菜、醬油、醋、韭菜花、蒜泥、蔥花等，不勝枚舉。

- **烹調指南**：製作豆花僅需要黃豆、水及凝固劑三種原料。水的多寡是影響豆花濃淡的要素。所用凝固劑常為石膏、鹽鹵，通常中國南方地區使用石膏，故豆花較軟，北方則常用鹽鹵。

家庭自製豆腐腦

原料　黃豆500克，葡萄糖酸內酯10g。

調料　生抽（醬油）、榨菜末、香菜末、韭花醬、香油各適量。

做法　1. 將黃豆用清水泡漲。

2. 將黃豆加3000克水磨成漿，用紗布過濾去渣。

3. 將過濾好的豆漿撇去上面的浮沫倒入鍋內，用大火燒開，要邊燒邊攪，開鍋後撇掉面上的泡沫。

4. 將葡萄糖酸內酯用涼開水溶開，把燒開的豆漿降溫至90℃後快速倒入盛有內酯溶液的器皿中，達到沖起內酯液的目地。馬上用勺子攪拌幾圈，再靜置15分鐘即製成豆花。

5. 將做好的豆花加生抽、榨菜末、香菜末，放韭花醬、香油調味，一碗香噴噴的豆腐腦就做好了。

小叮嚀

· 泡製黃豆時，一般春、秋季需泡3
～6個小時，夏季泡1個小時，冬季
泡5～6個小時。

2. 用熱豆漿沖起內酯溶液，攪拌幾圈
後千萬不能再動。

豆腐乾

- **特點**：豆腐的再加工製品，鹹香爽口，硬中帶韌，久放不壞。豆腐乾在製作過程中會添加鹽、茴香、花椒、八角、乾薑等調料，既香又鮮，被譽為「素火腿」。
- **烹調指南**：豆腐乾可用於涼拌、炒菜或煲湯，口味很不錯。
- **選購方法**：應選擇有防污染包裝的豆製品，如經真空壓縮的保鮮膜。發現袋內有異味或豆干製品表面發黏，不宜食用。

蔥拌豆腐乾

原料 豆腐乾300克，青蔥50克

調料 醬油、味精、鹽、香油、香菜各適量。

做法 1. 豆腐乾洗淨，切絲。

2. 青蔥切絲，香菜切段。

3. 將豆腐乾、青蔥、香菜加醬油、味精、鹽、香油拌勻即可。

特點

- 該菜味道可口，誘人食欲，為一道不受季節限制的佐餐涼拌菜。

肉末煮豆乾

原料 豆腐乾300克，肥瘦豬肉90克，韭菜50克。

調料 鹽、味精、醬油、高湯、太白粉水、胡椒粉、花生油、白糖各適量。

做法 1. 將豆腐乾切成絲，在沸水中汆燙一下。

2. 將韭菜洗淨，切成段。將豬肉切成末。

3. 鍋中加適量油燒熱，加入肉末煸炒，然後加高湯、豆腐乾絲、鹽、味精、白糖、胡椒麵，稍煮入味，加入醬油、韭菜，炒勻後用太白粉水勾芡，淋熟油即成。

9 豆腐皮

- **特點**：又名千層、百葉、千張，成品含水分在75％以內，以薄而勻，細膩柔軟有咬勁，色淡黃，味純正，久煮不碎腐者為上品。
- **烹調指南**：豆腐皮屬半乾性製品，是素饌的上等原料。切成細絲後可經燙或煮供拌、燴食用；或用於炒菜、燒菜、燴菜，可配葷料素菜，如肉絲、生菜、白菜等，也可單獨成菜。切成長片扭轉打結後稱百葉結，用於紅燒肉，頗有特色。

豆皮素菜卷

原料　豆皮300克，水發黑木耳絲、香菇絲、青紅甜椒絲各100克。

調料　蔥花、青蔥葉、鹽、醬油、白糖、太白粉水、雞精、植物油各適量。

做法　1. 豆皮分成4份，每份切3塊；其餘三種絲一同放入碗中攪拌均勻，製成餡料。

　　　2. 豆皮平鋪，放入餡料捲起來，切掉兩端多餘的部分，用青蔥葉紮住，送入燒開的蒸鍋中，大火蒸5分鐘，取出裝盤。

　　　3. 炒鍋置火上，倒入適量植物油燒至七成熱，放入蔥花炒香，加醬油、白糖、鹽、雞精和適量清水燒沸，用太白粉水勾芡，淋在豆皮卷上即可。

吉祥如意煲

原料　豆腐皮200克，火腿50克，冬筍30克，香菇6朵，黃瓜20克。

調料　高湯、鹽、味精、蔥段、薑片、香油各適量。

做法　1. 將豆腐皮、火腿、黃瓜均切成塊。冬筍洗淨，切塊。香菇去蒂，洗淨，改花刀，備用。

　　　2. 炒鍋置於火上，倒入高湯，調入鹽、味精、蔥段、薑片，放入豆腐皮、火腿、冬筍、香菇、黃瓜煲熟，淋入香油出鍋即可。

香辣豆腐絲

原料 豆腐絲300克，紅辣椒適量。

調料 香菜葉、辣椒油、鹽、味精、香油各適量。

做法 1. 將豆腐絲切成段，汆燙備用。

2. 把紅辣椒去蒂、籽，洗淨，切成絲。香菜葉洗淨，切成段。

3. 豆腐絲、紅辣椒、香菜段一起放入碗內，下辣椒油、鹽、味精、香油調味，拌勻即成。

鹵豆腐皮

原料 豆腐皮300克。

調料 滷汁、香菜梗各適量。

做法 1. 豆腐皮洗淨，香菜梗略燙。

2. 將豆腐皮疊成長方形，再用香菜梗紮起。

3. 將滷汁燒開，放入豆腐皮，滷至入味，取出後淋上滷汁即可。

> **特點**
> · 滷製時要將豆腐皮全部浸泡於滷汁中，以防風乾。
> · 一般族群均可食用豆腐皮，尤其適宜更年期婦女，糖尿病、心血管病患者，腦力工作者和減肥者。

干絲海帶

原料 豆腐皮150克，海帶75克。

調料 沙拉油、鹽、味精、雞粉、料酒、醬油、蔥絲、太白粉水、香油、高湯各適量。

做法 1. 海帶、豆腐皮切絲，分別入沸水鍋中汆燙，撈起瀝水。

2. 蔥絲入熱油鍋中爆香，烹入料酒，下入海帶炒1分鐘，加入高湯，下豆腐皮，調入鹽、雞粉、醬油、味精，小火煨1分鐘，用太白粉水勾芡，淋香油，裝盤即可。

10　腐竹

- **特點**：腐竹色澤黃白，油光透亮，含有豐富的蛋白質及多種營養成分。腐竹清鮮素淨，為素食中的上等原料。

- **烹調指南**：將腐竹用清水浸泡3～5個小時即可發開。可製作葷、素、燒、炒、涼拌、湯品等菜式，食之清香爽口，葷、素食別有風味。腐竹宜用溫水浸泡，若用熱水泡會出現外爛裡硬的現象，冷水泡則需時間較長。

- **選購方法**：優質腐竹外觀為枝條或片葉狀，呈淡黃色，有光澤。質脆易折，條狀折斷有空心，無黴斑、雜質、蟲蛀。咀嚼具有腐竹固有的鮮香滋味，無異味。

- **貯藏**：腐竹適宜放在乾燥處。

富貴枝竹

原料　腐竹200克，竹蓀80克，水發香菇、蝦各100克。

調料　鮮高湯、鹽、香油、醬油、雞精、香菜各適量。

做法　1. 腐竹用溫水泡軟，切成菱形塊。香菇切塊。香菜挑洗淨，切段備用。

2. 竹蓀用水泡發後切塊。蝦去除沙線，洗淨，待用。

3. 鍋內加鮮高湯，放入處理好的腐竹、竹蓀、香菇、蝦，加鹽、雞精、醬油調味燒開，撒香菜段，淋入香油即可。

紅油腐竹雞片

原料　雞胸肉300克，黃瓜20克，腐竹25克。

調料　鹽、味精、雞精、紹興酒、花椒油、辣椒油、薑絲、香油各適量。

做法　1. 雞胸肉洗淨切片。黃瓜洗淨切片。腐竹泡軟，切段，備用。

2. 炒鍋上火倒入水，下入雞肉汆至熟，再下入腐竹汆透，撈起過涼，瀝乾水分，裝入盤內，撒上黃瓜片，待用。

3. 將鹽、味精、雞精、紹興酒、花椒油、辣椒油、薑絲、香油調勻，澆在雞片上即成。

豆腐乳

　　豆腐乳是用小塊的豆腐做坯，經過發酵、醃製而成的，有"東方乳酪"之稱，也叫「腐乳」、「醬豆腐」、「南乳」或「貓乳」。豆腐乳是一種二次加工的豆製食品，為常見的佐菜，或烹調原料。中國許多地區都生產豆腐乳，但各不相同，比如蘇州的豆腐乳呈黃白色，口味細膩；北京的豆腐乳呈紅色，偏甜；四川的豆腐乳則比較辣。另外還有臭豆腐乳等變種。

 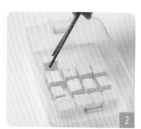 

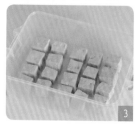 

家庭自製豆腐乳

功效 健脾寬中，潤燥，除濕。

原料 新鮮豆腐1000克。

調料 十三香、鹽、自製花椒粉、雞精、辣椒粉、白酒各適量。

做法 1. 將豆腐切成2公分見方的丁。

2. 將保鮮盒裡鋪好保鮮膜，把豆腐丁放在上面，在豆腐上面蓋一層保鮮膜再蓋上報紙。

3. 把蓋子蓋好，放置四五天，至黴好的腐乳外面有一層發黃的黏液。

4. 將十三香、鹽、自製花椒粉、雞精、辣椒粉混合均勻，將黴好的腐乳在調料粉裡打一個滾，使腐乳蘸勻調料。

5. 將處理好的腐乳排放在容器中，加入涼白開水和白酒，瓶口密封。放置一周即可食用。

[**特點**
· 豆腐乳製好後放置越久越好吃，但
打開後要放冰箱內保存。]

南乳卷

功效 ▸ 降糖降脂，益肝明目，美容養顏。

原料 發酵麵團500克，南乳（紅豆腐乳）適量。

調料 香蔥末、花生油各適量。

做法 1. 將發酵麵團擀成大薄片，抹上南乳，對折。

　　 2. 將對折的麵片擀開，撒上香蔥末，捲成粗條狀，切厚片，輕輕擀一下，醒好，上籠蒸熟。

　　 3. 平鍋刷油燒熱，放入南乳卷煎至金黃色即可。

豆豉、豆瓣醬

　　豆豉以黑大豆或黃大豆蒸熟發酵後製成。

　　製作豆豉，除經發酵外，還要加酒釀、酒和薑，有的還添加辣椒與香料，有的則加米麴黴菌種，並因製作原料及技法的不同分為許多品種。按原料分有黑豆豉、黃豆豉；按加工技法分有乾豆豉、濕豆豉、水豆豉；按風味分有淡豆豉、鹹豆豉、辣豆豉、薑豆豉、甜豆豉、香豆豉、臭豆。豆豉生產于長江流域及其以南地區，以江西、湖南、四川所產為多，如俗語所說："南人嗜豉，北人嗜醬"。豆豉營養豐富，又因經過發酵，許多營養物質易於消化吸收。

1　豆豉的營養成分　【豆腐每百克含】

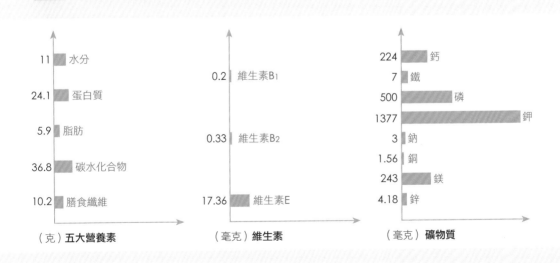

（克）五大營養素	（毫克）維生素	（毫克）礦物質
11 水分	0.2 維生素B₁	224 鈣
24.1 蛋白質		7 鐵
5.9 脂肪		500 磷
36.8 碳水化合物	0.33 維生素B₂	1377 鉀
		3 鈉
		1.56 銅
		243 鎂
10.2 膳食纖維	17.36 維生素E	4.18 鋅

　　中醫認為淡豆豉味辛、甘、味苦，性寒，入肺、胃經，有解表、除煩、宣鬱、解毒的功效，可治外感傷寒熱病、頭痛、煩躁、胸悶等症。藥用豆豉是專門製的淡豆豉，食用鹹豆豉也可漂淡供藥用。豆豉中含有大量可溶解血栓的尿激酶，常吃有助於防止腦血栓形成，並因此而防腦血栓所致的包括老年性癡呆症在內的疾病形成。常吃豆豉還可幫助消化、預防疾病、延緩衰老、增強腦力、降低血壓、消除疲勞、減輕病痛、預防癌症和提高肝臟解毒功能。另外，豆豉亦可解諸藥毒、食毒。

　　豆豉具有近似豆醬般的特有鮮香。鮮味來源於豆料中的蛋白質經黴菌、細菌分泌的蛋白酶分解而成的多種氨基酸。香味來源於酒釀和白酒加上酵母菌的作用產生的醇類物質，以及乙醇與發酵中產生的少量有機酸生成的脂類物質，用作調味品，可使菜餚增鮮生香。烹調常用於拌菜、燒菜、蒸菜、煎菜等，也可直接用豆豉加油和蔥、薑蒸後或炒後作小菜，稱作「油豆豉」。民間常用豆豉拌醃辣椒糊食用。

食用指南

· 豆豉以顆粒飽滿，乾燥，色澤烏亮，香味濃郁，甜上帶鮮，鹹淡適口，中心無白點，無黴腐氣等異味和泥沙者為佳品。

· 保存豆豉須注意防潮防黴，因其吸濕性較強，宜裝於潔淨容器中，蓋緊後放在乾燥涼爽處。

· 如發現豆豉發軟返潮，要立即晾曬。如發黴生蟲要清理剔除，凡黴變者均不能食用。

小偏方

適應症	傷寒暴下及瀉痢腹痛	感冒	外感風寒、傷風鼻塞、流清涕、咽癢咳嗽	斷奶乳脹
原料	豆豉1200克，蕎頭250克	蔥1根，米50克，鹽豉10克	豆腐2～4塊，淡豆豉12克，蔥白15克，生薑1～2片	豆豉250克
做法	蕎頭洗淨，切成寸段，加水3000克，與豆豉一起煮至熟	用蔥煎湯，加米煮成粥，放入鹽豉稍煮	將豆腐置於鍋中，用生油略煎，再放進淡豆豉，加入清水150毫升，煎煮至80毫升，再加入蔥白、生薑，煎滾後，取出即可	將豆豉加水煎煮
用法	去渣喝湯，分為10份服用，不癒再重新熬煮服用	佐餐食用，食後發汗	連續服1～3日	服1小碗，餘下洗乳房

3　豆豉美食

塘虱豆腐

原料 塘虱（鯰魚的一種）500克，豆腐200克，甜椒30克。

調料 香油、豆豉、蔥粒、大蒜、白糖、醬油、太白粉、胡椒粉、白酒、植物油各適量。

做法 1. 將豆腐油炸後備用。塘虱洗淨，去除內臟，汆燙後取出，刮去白色黏液，洗淨後切塊，放入醬油、太白粉、胡椒粉、白酒中拌勻，放入鍋中滑油，撈出備用。

2. 大蒜剁碎，豆豉洗淨，甜椒切絲，炸豆腐切角，待用。

3. 鍋置火上，入油燒熱，爆香蒜碎，加入豆豉及炸豆腐略炒，將滑過油的塘虱塊放在豆腐上，倒入醬油、白糖、水和香油略煮片刻，至汁液收乾，加入甜椒絲、蔥粒，勾芡後即可出鍋。

豉香鱸魚

原料　鱸魚600克，青辣椒1個，紅辣椒1個。

調料　豆豉75克，薑10克，蔥白20克，沙拉油
　　　20克，鹽、料酒各適量。

做法　1. 鱸魚治淨，去頭尾，把中段剖兩半，
　　　　 在表面打十字花刀。

　　　2. 生薑刨皮洗淨，5克切片，剩餘切末。

　　　3. 蔥白洗淨，10克切段，5克切絲，5克
　　　　 切末。

　　　4. 青、紅辣椒去蒂、籽及筋，洗淨，各
　　　　 取半個切細絲，另半個切圈形。

　　　5. 取適量鹽、料酒和薑末、蔥末抹在鱸
　　　　 魚的兩面及切縫內，擺在墊有蔥段、
　　　　 薑片的盤子上，撒上豆豉。

　　　6. 將醃好的鱸魚入籠，大火蒸約10分鐘
　　　　 至熟，取出，撒蔥絲、青紅辣椒絲，
　　　　 淋燒熱的沙拉油即成。

豆豉蒸排骨

功效 ▶ 補虛強身，滋陰潤燥，豐肌澤膚。

原料　豬肋排500克，豆豉適量。

調料　蒜蓉、白糖、太白粉水、雞精、料酒、
　　　生抽（醬油）各適量。

做法　1. 豬肋排洗淨，剁塊。

　　　2. 取一個器皿，倒入豬肋排、豆豉、
　　　　 蒜蓉、白糖、料酒、雞精、生抽（醬
　　　　 油），拌勻，醃製5分鐘左右，再加入
　　　　 太白粉水攪拌。

　　　3. 點火，將蒸籠置火上，開鍋後將肋排
　　　　 上籠蒸60分鐘即可。

3　豆瓣醬美食

- 特點：豆瓣醬是由各種微生物相互作用，產生複雜生化反應，而釀造出來的一種發酵紅褐色調味料，它是以大豆和麵粉為主要生產原料，配製香油、大豆油、味精、辣椒等原料加工而成的。
- 功效：豆瓣醬具有開胃健脾，消食去膩，補中益氣，健脾利濕，止血降壓，澀精止帶的功效。主治中氣不足、倦怠少食、高血壓、咯血、衄血（非外 所致的某些部位的外部出血症）、婦女帶下等病症。

青豆炒雞粒

功效▸ 清熱解毒。

原料　雞胸肉150克，雞蛋清1個，青豆50克。

調料　太白粉、太白粉水、沙拉油、鹽、味精、白糖、醋、醬油、蔥段、蒜泥、豆瓣醬各適量。

做法　1. 雞胸肉切成0.5公分粗的條，再斜刀切成菱形小粒。青豆用沸水汆燙透，撈出瀝水。豆瓣醬剁細。

2. 將雞粒放在碗內，加雞蛋清、太白粉和少許鹽拌勻上漿，再加10克沙拉油拌勻。

3. 用適量鹽、味精、白糖、醋、醬油和10克太白粉水在一小碗內混成醬汁。

4. 鍋置於火上，放沙拉油燒至三成熱，放入雞粒滑散，再放入青豆，待成熟後倒出瀝油。原鍋留適量底油再置於火上，放蔥段、蒜泥炸香。將豆瓣醬炒出紅油，隨即倒入過油的食材和醬汁，翻炒均勻，裝盤即可。

回鍋胡蘿蔔

功效 ▶ 降糖降脂，益肝明目，美容養顏。

原料 胡蘿蔔300克。

調料 豆豉、菜油、青蒜、豆瓣醬、清湯、鹽各適量。

做法 1.胡蘿蔔洗淨去皮，切滾刀塊，放入蒸鍋中蒸熟。豆瓣醬剁細，豆豉用刀背壓成蓉。青蒜挑洗乾淨，切段。

2. 炒鍋加油燒熱，下入豆瓣醬、豆豉炒酥，放入胡蘿蔔，加清湯、鹽、青蒜炒勻，起鍋裝盤即可。

> **小叮嚀**
>
> ·烹製胡蘿蔔時要多加油，而且時間要短，這樣才能減少胡蘿蔔中營養成分的流失。烹炒胡蘿蔔時不宜加醋，以免 β-胡蘿蔔素被破壞。

豆瓣醬燒鯰魚

功效 ► 補中氣，滋陰，開胃。

原料 鯰魚1500克，冬筍70克，水發香菇25克。

調料 豬油100克，料酒、鹽、高湯、豆瓣辣醬、白砂糖、醬油、味精、蔥末、薑末、蒜末、太白粉水、香油各適量。

做法 1. 鯰魚刮去涎液，去鰓和鰭，開膛去內臟，洗淨。從魚身的中間剁斷成頭尾兩段，將腹內脊骨稍剁開，用鹽、料酒醃一下後洗淨。

2. 香菇去蒂洗淨，與去殼洗淨的冬筍同切成絲。

3. 將抹乾水分的鯰魚入油鍋炸到五成熟時撈出。

4. 豬油燒沸，下冬筍絲、香菇絲、薑、蒜末和豆瓣辣醬，炒出香辣味，放入鯰魚、高湯、醬油、糖和味精。燒開後改用小火燜熟，用太白粉水調稀勾芡。裝入魚盤，撒上蔥末，淋香油即成。

豆漿、豆花、豆腐 食療大全

跟著中醫師養生美容、防病治病

作　　者　王作生
審　　定　于俊生
責任編輯　梁淑玲
封面設計　謝捲子
內頁設計　葛雲

出版總監　黃文慧
副 總 編　梁淑玲、林麗文
主　　編　蕭歆儀、黃佳燕、賴秉薇
行銷企劃　林彥伶、柯易甫
印　　務　黃禮賢、李孟儒

社　　長　郭重興
發行人兼出版總監　曾大福
出　　版　幸福文化／遠足文化事業股份有限公司
地　　址　231 新北市新店區民權路 108-1 號 8 樓
粉 絲 團　https://www.facebook.com/Happyhappybooks/
電話／傳真　（02）2218-1417／（02）2218-1142

發　　行　遠足文化事業股份有限公司
地　　址　231 新北市新店區民權路 108-2 號 9 樓
電話／傳真　（02）2218-1417／（02）2218-1142
電　　郵　service@bookrep.com.tw
郵撥帳號　19504465
客服電話　0800-221-029
網　　址　www.bookrep.com.tw
法律顧問　華洋法律事務所　蘇文生律師

初版一刷　2019 年 10 月
定　　價　420 元

有著作權 侵犯必究 PRINTED IN TAIWAN

※ 本書如有缺頁、破損、裝訂錯誤，請寄回更換

特別聲明：有關本書中的言論內容，不代表本公司／出版集團的立場及意見，由作者自行承擔文責。

本作品中文繁體版通過成都天鳶文化傳播有限公司代理，經青島出版社有限公司授予遠足文化事業股份有限公司（幸福文化出版）獨家出版發行，非經書面同意，不得以任何形式，任意重製轉載。

國家圖書館出版品預行編目 (CIP) 資料

豆漿、豆花、豆腐食療大全：跟著中醫師養生美容、防病治病 / 王作生著；-- 初版 . -- 新北市：幸福文化出版：遠足文化發行, 2019.10　面；公分 . --（健康養生區；Healthy Living ;9）　ISBN 978-957-8683-71-6（平裝）1.豆腐食譜 2.豆菽類

427.33　　　　　　　　　　108015187